精品蔬菜生产技术丛书

水生类精品蔬菜

（第二版）

缪旻珉　鲍忠洲　江解增　江扬先　编著

江苏凤凰科学技术出版社 ·南京

图书在版编目（CIP）数据

水生类精品蔬菜 / 缪旻珉等编著. — 2版. — 南京：
江苏凤凰科学技术出版社, 2024.6
（精品蔬菜生产技术丛书）
ISBN 978-7-5713-3959-3

Ⅰ. ①水… Ⅱ. ①缪… Ⅲ. ①水生蔬菜 – 蔬菜园艺
Ⅳ. ①S645

中国国家版本馆CIP数据核字(2024)第015816号

精品蔬菜生产技术丛书
水生类精品蔬菜

编　　　著	缪旻珉　鲍忠洲　江解增　江扬先
责 任 编 辑	沈燕燕
责 任 校 对	仲　敏
责 任 监 制	刘文洋

出 版 发 行	江苏凤凰科学技术出版社
出版社地址	南京市湖南路1号A楼，邮编：210009
出版社网址	http://www.pspress.cn
照　　　排	江苏凤凰制版有限公司
印　　　刷	南京新世纪联盟印务有限公司

开　　　本	880 mm × 1 240 mm　1/32
印　　　张	8.75
字　　　数	150 000
版　　　次	2024年6月第2版
印　　　次	2024年6月第1次印刷

| 标 准 书 号 | ISBN 978-7-5713-3959-3 |
| 定　　　价 | 45.00元 |

图书如有印装质量问题，可随时向我社印务部调换。

致读者

社会主义的根本任务是发展生产力，而社会生产力的发展必须依靠科学技术。当今世界已进入新科技革命的时代，科学技术的进步已成为经济发展、社会进步和国家富强的决定因素，也是实现我国社会主义现代化的关键。

科技出版工作肩负着促进科技进步，推动科学技术转化为生产力的历史使命。为了更好地贯彻党中央提出的"把经济建设转到依靠科技进步和提高劳动者素质的轨道上来"的战略决策，进一步落实中共江苏省委、江苏省人民政府作出的"科教兴省"的决定，江苏凤凰科学技术出版社有限公司(原江苏科学技术出版社)于1988年倡议筹建江苏省科技著作出版基金。在江苏省人民政府、江苏省委宣传部、江苏省科学技术厅(原江苏省科学技术委员会)、江苏省新闻出版局负责同志和有关单位的大力支持下，经江苏省人民政府批准，由江苏省科学技术厅(原江苏省科学技术委员会)、凤凰出版传媒集团(原江苏省出版总社)和江苏凤凰科学技术出版社有限公司(原江苏科学技术出版社)共同筹集，于1990年正式建立了"江苏省金陵科技著作出版基金"，用于资助自然科学范围内符合条件的优秀科技著作的出版。

我们希望江苏省金陵科技著作出版基金的持续运作，能为优秀科技著作在江苏省及时出版创造条件，并通过出版工作这一平台，落实"科教兴省"战略，充分发挥科学技术作为第一生产力的作用，为全面建成更高水平的小康社会、为江苏的"两个率先"宏伟目标早日实现，促进科技出版事业的发展，促进经济社会的进步与繁荣做出贡献。建立出版基金是社会主义出版工作在改革发展中新的发展机制和新的模式，期待得到各方面的热情扶持，更希望通过多种途径不断扩大。我们也将在实践中不断总结经验，使基金工作逐步完善，让更多优秀科技著作的出版能得到基金的支持和帮助。这批获得江苏省金陵科技著作出版基金资助的科技著作，还得到了参加项目评审工作的专家、学者的大力支持。对他们的辛勤工作，在此一并表示衷心感谢！

江苏省金陵科技著作出版基金管理委员会

"精品蔬菜生产技术丛书"编委会

第一版

主　　任　侯喜林　吴志行

编　　委（各书第一作者，以姓氏笔画为序）

　　　　　刘卫东　吴志行　张建文　陈沁斌

　　　　　陈国元　易金鑫　周黎丽　侯喜林

　　　　　顾峻德　鲍忠洲　潘跃平

第二版

主　　任　侯喜林　吴　震

编　　委（各书第一作者，以姓氏笔画为序）

　　　　　马志虎　王建军　孙菲菲　吴　震

　　　　　陈国元　赵统敏　柳李旺　侯喜林

　　　　　章　泳　缪旻珉　戴忠良

序 （第一版）

　　蔬菜是人们日常生活中不可缺少的副食品。随着生活质量的不断提高及健康意识的增强，人们对"无公害蔬菜""绿色蔬菜""有机蔬菜"需求迫切，这极大地促进了我国蔬菜产业的迅速发展。2002年全国蔬菜播种面积达1 970万公顷，总产量60 331万吨，人均年占有量480千克，是世界人均年占有量的3倍多；蔬菜总产值在种植业中仅次于粮食，位居第二，年出口创汇26.3亿美元。蔬菜已经成为农民致富、农业增收、农产品创汇中的支柱产业。

　　今后发展蔬菜生产的根本出路在于发展外贸型蔬菜，参与国际竞争。因此，蔬菜生产必须增加花色品种，提高蔬菜品质，重视蔬菜生产中的安全卫生标准，发展蔬菜贮藏、加工、包装、运输。以企业为龙头，发展精品蔬菜，以适应外贸出口及国内市场竞争的需要。

　　为了适应农业产业结构的调整，发展精品蔬菜，并提高蔬菜质量，南京农业大学和江苏科学技术出版社共同组织南京农业大学园艺学院、江苏省农业科学院、南京市农林局、南京市蔬菜科学研究所、金陵科技学院、苏州农业职业技术学院、苏州市蔬菜研究所、常州市蔬菜研究所、连云港市蔬菜研究所等单位的专家、教授编写了"精品蔬菜生产技术丛书"。本丛书共11册，收录了100多种品质优良、营养丰富、附加值高的名特优新蔬菜品种，介绍了优质、高产、高效、安全生产关键技术。本丛书深入浅出，通俗易懂，指导性、实用性强，既可以作为农村科技人员的培训教材，也是一套有价值的教学参考书，更是广大基层蔬菜技术推广人员和菜农的生产实践指南。

侯喜林

2004年8月

序

　　蔬菜是人们膳食结构中极为重要的组成部分，中国人尤其喜食新鲜蔬菜。从营养学的角度看，蔬菜的营养功能主要是供给人体所必需的多种维生素、膳食纤维、矿物质、酶以及一部分热能和蛋白质；还能帮助消化、改善血液循环等。蔬菜还有一项重要的功能是调节人体酸碱平衡、增强机体免疫力，这一功能是其他食物难以替代的。健康人的体液应该呈弱碱性，pH值为7.35~7.45。蔬菜，尤其是绿叶蔬菜都属于碱性食物，可以中和人体内大量的酸性食物，如肉类、淀粉类食物。建议成人每天食用优质蔬菜300克以上。

　　我国既是蔬菜生产大国，又是蔬菜消费大国，蔬菜的种植面积和产量均呈上升态势。2021年，我国蔬菜种植面积约3.28亿亩，产量约7.67亿吨。随着人们对健康生活的重视，对于绿色、有机蔬菜的需求日益增加，蔬菜在保障市场供应、促进农业结构调整、优化居民饮食结构、增加农民收入、提高人民生活水平等方面发挥了重要作用。

　　蔬菜生产是保障市场稳定供应的基础。具有规模蔬菜种植基地的家庭农场（含个体生产经营者）、农民专业合作社、生产经营企业等，是蔬菜生产的基本单元，也是蔬菜产业的基础和源头。因此，蔬菜生产必须增加花色品种，提高蔬菜品质，注重生产过程中的安全卫生标准，同时加强蔬菜储存、加工、包装和运输。在优势产区和大中城市郊区，重点加强菜地基础设施建设，着重于品种选育、集约化育苗、田头预冷等关键环节，加大科技创新和推广力度，健全生产信息监测体系，壮大农民专业合作组织，促进蔬菜生产发展，提高综合生产能力。

　　"精品蔬菜生产技术丛书"自2004年12月出版以来，深受市场欢迎，历经多次重印，且被教育部评为高等学校科学研究优秀成果奖科学技术进步奖(科普类)二等奖。为了适应农业产业结构的调整，发展精品蔬菜，并提高蔬菜产品质量，满足广大读者需求，南京农业大学和江苏凤凰科学技术出版社共同组织江苏省农业科学院、南京市蔬菜科学研究所、苏州农业职业技术学院等单位的专家对"精品蔬菜生产技术丛书"进行再版。丛书第二版共11册，收录了100多种品质优良、营养丰富、附加值高的名特优新蔬菜品种，介绍了优质、高产、高效、安全生产关键技术。本丛书语言简明通俗，兼具实用性和指导性，既可以作为农村科技人员的培训教材，也是一套有价值的教学参考书，更是广大基层蔬菜技术推广人员和菜农的生产实践指南。

农业农村部华东地区园艺作物生物学与种质创制重点实验室主任
园艺作物种质创新与利用教育部工程研究中心主任
南京农业大学"钟山学者计划"特聘教授、博士生导师
蔬菜学国家重点学科带头人

侯喜林
2022年10月

前　言

水生蔬菜是指适合在淡水或海水环境中生长的蔬菜种类。本书所述及的水生蔬菜主要指生长在湖、塘、江、河、沟、田等水泽环境条件中的淡水蔬菜作物，主要种类有茭白、莲藕、荸荠、慈姑、水芹、芡实、莼菜、菱、豆瓣菜、水蕹菜、芋、蒲菜和芦蒿等13种。

我国是世界上水生蔬菜的主要起源地之一，其品种之多，分布之广，生产面积之大，在当今世界各国中均居首位。据统计，全国水生蔬菜种植总面积在525万～600万亩*，年产量500万～600万吨。其中，莲藕生产面积最大，常年种植藕莲约300万亩，年产鲜藕300万吨；种植籽莲30万亩，年产干莲籽1.5万吨。其次为茭白、荸荠和菱，其中，种植茭白约100万亩，荸荠和菱均为50万～60万亩，年产新鲜茭白100万吨、荸荠75万吨和菱角24万吨。其他种类水生蔬菜种植面积较少，一般在30万～50万亩，甚至50万亩以下。

水生蔬菜大多原产于热带和亚热带多雨、湿润地区，因此大多要求气候温暖、雨量充沛、地势平坦、常年积水和富含腐殖质的淤积层土壤，生长期较长。我国水生蔬菜多分布在长江以南地区，年平均气温在15℃以上，最高气温在40℃以下，最低气温在-5℃左右，短期不超过-10℃，无霜期要求在210天以上或完全无霜冻。除水芹、豆瓣菜冬季能在短期0℃以下低温下正常生长外，大多数水生蔬菜作物冬季地上部均枯死，以地下茎在土壤中越冬，如茭白、莲藕、慈姑、荸荠、水芋、蒲菜、芦蒿等，有的则形成休眠芽在水中越冬，如莼菜。而芡实、菱、水蕹菜则以种子越冬。水生蔬菜对水分要求较高，不耐

---

* "亩"为我国常用的耕地面积计量单位，本书保留使用，一亩约合667平方米。

旱。长江以南地区年降水量在1 000毫米以上，多的可达2 000毫米，由于雨量充沛，江、河、湖泊较多，水面辽阔，非常适宜水生蔬菜生长。但不同的种类和品种对水的深度有不同的要求，如莲藕、芡实、莼菜一般在水深0.5～1.0米时生长良好，乌菱在水深3～4米时仍能正常生长，而其他水生蔬菜大多要求在深度30厘米以内的浅水栽培，且要求水位平缓涨落，切忌猛涨猛跌。水生蔬菜多为浅根系植物，须根发达，适宜在比较肥沃而深厚的黏性土壤中生长，土层厚度20～30厘米，有机质含量在2%～3%，土壤酸碱度以pH值6.5～7.5为宜。水生蔬菜大多为喜光植物，在强光条件下有利于光合作用，积累养分。不同水生蔬菜在阶段发育中对光照长短要求亦有所区别，以膨大器官为产品的莲藕、荸荠、慈姑、芋和以种子繁殖的水蕹菜都为短日照植物，而开花结籽的芡实、菱对日照长短要求不严。水生蔬菜由于常年在水中生长，植株组织疏松，茎秆柔弱，根系不发达，在风浪下容易倒伏。总之，在生产中只要创造良好的环境条件以满足水生蔬菜的生长发育，就可以获得较高的产量。

水生蔬菜长期生长在水中，对土壤等环境条件总体要求不高，管理相对容易，病虫害少，其产品大多在泥里或水下，受天气变化影响少，产量相对稳定。莲藕、荸荠、慈姑等作物成熟后既可及时采收，亦可在泥中贮存，随吃随挖，贮藏性好。水生蔬菜中的大多数作物可用于填补旱生蔬菜淡季供应缺口，增加市场花色品种，深受广大菜农和市民的欢迎。

水生蔬菜亦是人们喜爱的传统蔬菜和保健蔬菜。水生蔬菜营养非常丰富，富含人体需要的维生素、矿物质元素和氨基酸等营养物质，以及类黄酮、多酚类和多糖等生物活性物质。大多数水生蔬菜作物都含有药用成分，是良好的药用原料和滋补食品。如莲藕，全身是宝，荷叶、荷花、莲蓬、藕节等均可入药；莼菜、芡实等有增强人体免疫力的功效，是公认的抗癌蔬菜。莲藕、茭白、荸荠、慈姑、菱、芡实、莼菜等加工品还远销日本、美国、欧盟及我国港澳台地区，享有盛名。

我国有关水生蔬菜栽培方面的书籍已出版多部，对我国水生蔬菜的栽培历史、经验都从不同侧面作了阐述，各具特色。2004年根据"精品蔬菜生产技术丛书"编委会的要求，《水生类精品蔬菜》出版，该书主要根据编著者在科学研究和生产实践中的经验、体会，重点介绍了长江流域水生蔬菜的栽培技术、病虫害防治和贮藏加工等方面的经验，同时也介绍了一些国内其他地区的经验，力求简洁、明了，通俗、易懂，立足可操作性。该套丛书出版后受到了广大菜农的欢迎，为此，2021年根据"精品蔬菜生产技术丛书"再版的要求，本着尽量做到文字简洁、重点突出和图文并茂的原则，保留了13类人工栽培的水生蔬菜，删除了其他类水生蔬菜、绿色食品水生蔬菜生产技术、有机食品水生蔬菜生产技术等三个章节以及有关作物的深加工内容；同时，对各类作物的品种，病虫害防治，芡实、水芹栽培技术，水生蔬菜的栽培制度等内容作了较多调整，并增加了品种、栽培和病虫害照片。

为了加强再版质量，第二版参编人员在第一版基础上作了较大调整，在此也对第一版的参编人员致以真诚的谢意！由于编著者业务水平有限，错误与遗漏之处在所难免，欢迎广大读者批评指正，以便纠正及修订完善。

　　本书可作为从事水生蔬菜研究、生产和经营的高校师生、科研院所科研人员、基层农业技术推广人员和种植户的参考用书及培训材料，希望在助力乡村振兴、促进农民增收过程中发挥其应有的作用。

编著者

2023年8月

目　录

一、茭白

（一）栽培价值

茭白（*Zizania latifolia*）又名茭笋、茭瓜、高笋、高瓜、菰首、菰瓜等，为禾本科菰属多年生宿根草本水生蔬菜。茭白起源于我国，由菰演变而来，距今已有3 000多年历史。在唐代以前，菰开花结实，其籽粒即为"菰米"，作为粮食作物栽培，《周礼》将其与稌、黍、稷、粱、麦并列为"六谷"。菰的短缩茎嫩芽即为"菰菜"，俗称"茭儿菜"。菰因菰黑粉菌的侵染而不开花结籽，茎基部数节膨大，形成纺锤状肥大的白色肉质茎，故称为"茭白"。其味道鲜美，营养丰富，深受人们的喜爱，与鲈鱼、莼菜并列为江南三大名菜，目前已成为我国仅次于莲藕的第二大水生蔬菜。

茭白主要分布在我国，东南亚地区和日本也有少量栽培。茭白在我国的栽培面积广泛，北至黑龙江、辽宁，南至广东、台湾、海南地区均有栽培，常年栽培面积已超过100万亩*。其主产区为浙江、江苏、上海、安徽、湖北、广东、福建等地，其中浙江栽培面积最大，达45万亩左右，茭白成为浙江种植面积最大的水生蔬菜。近年各地广泛引种，种植面积逐年扩大，并创造了大棚早熟栽培、高山避暑冷水栽培等新技术，尤其是浙江、安徽

---

* 亩为我国常用的耕地面积计量单位，本书保留使用，15亩＝1公顷。

高山茭白，江西冷水茭白，福建、广东早春茭白以及云贵川茭白的快速发展，为我国茭白的反季节生产和堵缺补淡做出了贡献。同时，经过广大科技工作者多年努力，近年来已育成一批新品种，尤以浙江育成的新品种较多，栽培技术独特，贮藏保鲜技术也有了新的突破，延长了保鲜期，产品远销国内外。

据《中国传统蔬菜图谱》介绍，100 克茭白鲜样可食部分中含蛋白质 1.5 克、脂肪 0.1 克、碳水化合物 4.6 克、粗纤维 1.1 克、维生素 C 3.0 毫克、胡萝卜素微量、钾 284.0 毫克、钠 7.3 毫克、钙 4.0 毫克、镁 11.9 毫克、磷 43.0 毫克、铁 0.3 毫克，此外还含有硫胺素 0.04 毫克、核黄素 0.05 毫克、烟酸 0.6 毫克、抗坏血酸 2 毫克、热量 96.1 千焦耳。茭白中含有丰富的生物活性物质，其中氨基酸有 16 种，7 种为人体必需氨基酸，总膳食纤维含量可达 0.4 克 / 克，黄酮含量约 38.73 毫克 / 克，总酚含量 7.2 毫克 / 克，此外还含有多糖、血管紧张素转换酶（ACE）抑制物质、豆甾醇等，具有较强的抗氧化和调节人体免疫等功效。

茭白味甘，性凉，具有利尿、解烦热、止渴、调肠胃、解酒毒、降血压等作用。但茭白"极冷不可过食"，《本草汇言》中记载"脾胃虚冷作泻者勿食"，《随息居饮食谱》也有记载"精滑便泻者勿食"。

（二）生物学特性

1. 形态特征

茭白植株高 150 ~ 250 厘米。地上部由叶片、叶鞘、分蘖组成，地下部由短缩茎、分蘖芽、根状茎和须根组成（图 1-1）。

图 1-1　茭白根茎

（1）**根**　为须根系，较发达，主要分布在短缩茎的分蘖节和根状匍匐茎节上，前者有须根 10 ~ 30 条，后者有须根 5 ~ 10 条。须根长度可达 70 厘米，有根毛，寿命短，更新时间约为 30 天。新生根为白色，逐渐变黄褐色，吸收功能下降，直至变黑死亡。主要分布在 30 ~ 60 厘米深的土壤里，所以茭白栽培需土层深厚、保水保肥能力强的黏壤土或壤土。

（2）**茎**　分为短缩茎、根状茎和肉质茎 3 种。

●短缩茎：俗称"薹管"，由翌年春季的茭苗和分蘖芽形成。① 主管坚硬，青棕色或棕色，上有茎节，节间长度不定，跨度大，达 0.2 ~ 15.0 厘米，与品种类型和栽培时的水位高低有关。薹管的长短是茭白选种的重要指标之一。进入冬季休眠期后，短缩茎地上部分枯萎死亡，地下部分的根系能耐 -5 ℃的低温，翌年春季萌发产生新的植株。② 侧管由分蘖芽发育而成，呈黄色或青黄色，细而短。分蘖芽贴生在各管的茎节上，一般每节

1个芽，互生。分蘖芽春季萌发后地上部形成新单株，并生须根，每个新单株从夏到秋又可不断发生分蘖，达 10 ~ 20 个，这些不断分蘖形成的株丛俗称茭墩。

●根状茎：由短缩茎上的腋芽萌发生成，又称匍匐茎，最大直径 1 ~ 3 厘米，具 8 ~ 20 节，节部有叶状鳞片、芽和须根。匍匐茎顶端分枝芽在春季萌发向上生长，产生新的分枝，又称"游茭"。

●肉质茎：系茭白植株茎端受菰黑粉菌所分泌的激素刺激膨大形成，俗称茭白或茭肉。茭肉一般有 4 节，顶端不膨大，下部肥大，从而形成纺锤形、长 12 ~ 20 厘米不等（个别品种可达 30 厘米）的肉质茎。不同品种的茭白，其肉质茎的形状、大小、颜色、光洁度和紧密度等均有明显差异。

（3）花和果实　茭白一般不开花结实，但在不良气候环境条件下或栽培管理、选种不当，植株可不结茭而开花结实。传统习惯上称不结实又不开花的植株为"雄茭"，而开花结实的野茭白称为"茭草"。花期5—8月，圆锥花序，种子一般不饱满，成熟时容易落粒。

雄茭和茭草不能孕茭，栽培田中一经发现就要及时拔除，避免来年种苗的混杂。

2. 生长发育过程

茭白的生长发育一般可分为萌芽期、分蘖期、孕茭期和休眠期 4 个时期。

（1）**萌芽期** 田间越冬的母株在翌年春季旬均温度达5～7℃时，其短缩茎和根状茎节上的芽开始萌动，长出新叶、新根，形成幼苗。不同部位的芽萌发时间有区别，"游茭"的顶芽最饱满，萌发时间比其他部位的芽早7～10天，其次是短缩茎的中部芽，最后是茎上部芽和茎下部芽。

（2）**分蘖期** 随着气温上升，茭白新株（图1-2）形成后，依靠其制造的养分和短缩茎中贮藏的养分，进一步促进分蘖芽的萌发，生长叶片和根系，形成大量的分蘖株。

图1-2 茭白新株

（3）**孕茭期** 当旬均温度稳定在16～21℃（秋种两熟茭）和21～28℃（春种两熟茭）时，植株茎端膨大形成茭白，开始进入孕茭期。当植株外面3张叶片的叶鞘"茭白眼"重叠，合抱的假茎明显变扁、变粗，抽生的叶片越来越短时，即为茭白采收期。

（4）**休眠期**　秋茭采收结束、旬均温度下降至 3 ℃左右，植株地上部逐渐停止生长并枯死，分蘖芽、分株芽呈休眠状态越冬。

3. 对环境条件的要求

（1）**温度**　茭白在旬均温度 5 ℃以上开始萌芽生长，冬季低于 5 ℃地上部枯死，以地下短缩茎上的分蘖休眠芽和根茎上的分株休眠芽越冬。适宜生长温度在 15 ～ 30 ℃之间，孕茭温度视不同茭白类型和品种而异，如秋种两熟茭一般在 16 ～ 21 ℃，又称低温型，而春种两熟茭和一熟茭则在 21 ～ 28 ℃，又称高温型。

（2）**水分**　茭白是浅水植物，生长期间不能缺水，越冬休眠期亦应保持土壤湿润。植株从萌芽生长到孕茭，水位要逐渐加深，从 5 厘米逐渐加至 20 ～ 25 厘米，以促进分蘖和孕茭，使茭肉白嫩。茭的最高水位不得超过"茭白眼"。

（3）**土壤**　茭白生长要求土壤肥沃，有机质含量在 1.5% 以上，保水保肥力强，以黏壤土和壤土为佳，耕作层 20 ～ 25 厘米，土壤 pH 值 6 ～ 7；肥料以氮肥和钾肥为主，施用氮、磷、钾比例为 1.0 ： 0.8 ：（1.0 ～ 1.2），每亩施纯氮 20 千克。

（4）**光照**　茭白生长和孕茭一般都要求有充足的阳光，不耐阴，但过强光照亦不利于孕茭。茭白对日照长短要求视茭白种类不同而异，一般情况下，一熟茭在短日照环境下才能抽生花茎和孕茭，而两熟茭则对日照长短不敏感，在短日照和长日照条件下都能正常孕茭。

（三）类型和主要品种

按照茭白品种的感光性和采收时间可分为两类：一类为单季

茭，又称一熟茭，在春季定植后，每年秋季采收一次茭白。单季茭在我国分布较广，北至北京、西至宁夏、南至广东均有栽培。另一类为双季茭，又称两熟茭，定植当年秋季采收一季秋茭，翌年夏季采收一季夏茭。双季茭按照孕茭的温度又分为两种：以采收夏茭为主的苏州品种型，即孕茭适宜20℃左右的低温孕茭型；夏秋茭并重的无锡品种型，即孕茭适宜25℃左右的高温孕茭型。双季茭适应范围相对较窄，以太湖流域栽培历史最久，品种和种类最多，栽培技术亦最为丰富，主要集中分布在浙江、江苏、安徽和上海一带（图1-3）。

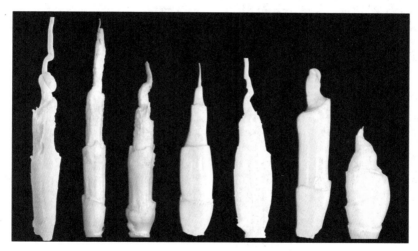

图1-3 不同类型茭肉

1. 单季茭白

（1）白种 江苏省苏州市地方品种。中熟，苏州地区9月上旬开始上市，收获期20天左右，亩产壳茭750～850千克。株高230厘米左右，有2～3薹管，分蘖力弱。叶片长披针形，色青绿。肉质茎长约17厘米，重45克左右，表皮光滑，略呈扁圆形，肉质白嫩，品质佳（图1-4）。

（2）金茭1号 浙江省磐安县农业局和金华市农业科学研究院选育而成。适宜在海拔500～700米的高山种植，7月底至9月初采收，平均壳茭重124.6克，亩产壳茭1200～1400千克。植株生长势较强，株高250厘米左右，单株分蘖数1.7～2.6个。肉质茎长20～23厘米，最大直径3.1～3.8厘米，表皮光滑，肉质白嫩（图1-5）。耐肥性中等，抗病性较强。

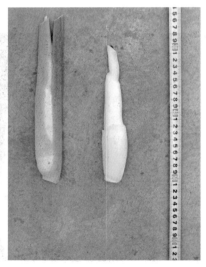

图1-4　白种　　　　　　　　　图1-5　金茭1号

（3）美人茭 浙江省杭州市地方品种。9月中下旬采茭，单茭重140～170克，亩产壳茭1500～2000千克。株高240～260厘米，分蘖力较弱，叶鞘绿色。肉质茎长25～33厘米，最大直径3.2～3.7厘米，竹笋形，表皮洁白光滑（图1-6）。

图1-6　美人茭

（4）丽茭1号　浙江省丽水市农业科学研究院从美人茭中系统选育而成。极早熟，生育期97天左右，产量高，壳茭重140～210克。在丽水等高山冷凉地区种植，7月中旬开始采收，7月下旬8月初进入盛收期，亩产壳茭1 800千克左右。株型紧凑，生长势强，株高240～250厘米，分蘖力中等。肉质茎重100～150克，竹笋形，粗大，表皮白色光亮，品质优。

（5）鄂茭1号　湖北省武汉市蔬菜研究所选育而成。早中熟，9月20日左右上市，壳茭重100～120克，亩产壳茭1 500千克左右。株高240～260厘米，株型紧凑，分蘖力较弱。肉质茎长20～25厘米，最大直径3～4厘米，竹笋形，表皮洁白光滑，肉质细嫩。

（6）鄂茭3号　湖北省武汉市蔬菜研究所选育而成。晚熟，10中下旬上市，平均壳茭重100克，亩产壳茭1 100～1 200千克。平均株高 225 厘米，单株分蘖数 9.5 个。平均肉质茎长 21.0 厘米，重 78 克，最大直径 3.5 厘米，竹笋形，表皮洁白光滑，肉质致密、细嫩。

（7）**大别山 1 号** 安徽农业大学园艺学院和岳西县高山果菜有限责任公司等单位选育而成。早熟，8 月上旬至 9 月下旬上市，采收期较为集中，壳茭重 150 ~ 165 克，平均净茭率 65%，亩产壳茭 1 900 千克左右。株型紧凑，株高 210 ~ 230 厘米，单株分蘖数 10 ~ 13 个。肉质茎重 90 ~ 100 克，梭子形，品质好。

（8）**大别山 3 号** 安徽农业大学园艺学院和岳西县高山果菜有限责任公司等单位选育而成。早熟，8 月上旬至 9 月下旬上市，采收期较为集中，壳茭重 155 ~ 170 克，平均净茭率 67.5%，亩产壳茭 2 000 千克左右。株型紧凑，叶片直立，株高 200 ~ 220 厘米，单株分蘖数 12 ~ 14 个。肉质茎重 105~114 克，梭子形，肉质白嫩。

（9）**台福 1 号** 福建农林大学园艺学院和福建农林大学蔬菜研究所从台湾茭白变异株中选育而成。早熟，从定植到始收 100 ~ 110 天，壳茭重 110 ~ 125 克，亩产壳茭 2 300 千克以上。植株生长势较强，株型紧凑，株高 198 ~ 215 厘米，单株分蘖数 9 ~ 20 个。肉质茎长 18 ~ 20 厘米，重 90 ~ 100 克，4 节，茭体顶部有拐点，茎纺锤形，表皮洁白光滑，肉嫩。

2. 双季茭白

（1）**苏州早茭** 为江苏省苏州小蜡台变种。早熟，苏州地区秋茭 9 月底开始上市，收获期 30 天左右，亩产壳茭 1 000 千克左右；夏茭于 5 月上旬开始上市，收获期 20 ~ 25 天，亩产壳茭2 000 ~ 2 500千克。植株分蘖中等，游茭多，秋茭株高200 ~ 220厘米，夏茭株高130 ~ 150厘米。肉质茎长15 ~ 18厘米，重40 ~ 50克，短圆形，表皮洁白光滑，肉质细嫩紧实，品质好（图1-7）。

（2）**中蜡台** 江苏省苏州市地方品种。中熟，苏州地区秋茭10月上旬开始上市，收获期25天左右，亩产壳茭1 000千克左右；夏茭于5月中旬开始上市，收获期25 ~ 30天，亩产壳茭2 000 ~ 2 500千克。分蘖力和分枝性较强，游茭较多，秋茭株高230 ~ 250厘米，夏茭株高150厘米。肉质茎长18 ~ 20厘米，重50 ~ 60克，圆形，较大，表皮洁白光滑，由4节组成，顶部呈螺旋状，上部2节变粗鼓凸，并呈斜面，像燃烧中的蜡烛，故名"蜡台"，肉质致密，品质好（图1-8）。

图1-7　苏州早茭

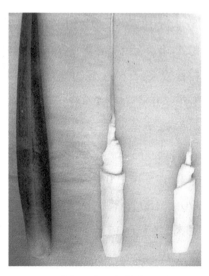

图1-8　中蜡台

（3）龙茭2号　浙江省桐乡市农业技术推广服务中心等单位从该市龙翔街道地方品种梭子茭中选育而成。中晚熟品种，秋

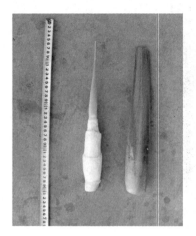

图1-9　龙茭2号

茭于10月底至12月上旬采收，平均壳茭重141.7克，亩产壳茭1 500千克左右；夏茭于5月上旬至6月中旬采收，壳茭重150克左右，亩产壳茭3 000千克左右。株型紧凑，分蘖力强，秋茭株高约170厘米，夏茭株高约175厘米。肉质茎长20～22厘米，重95～110克，多为4节，表皮洁白，品质好（图1-9）。

（4）广益茭　江苏省无锡市地方品种，为春种两熟茭。无锡地区秋茭9月中旬至10月中旬上市，亩产壳茭1 200千克左右；夏茭于5月下旬至7月中旬上市，亩产壳茭1 500千克左右。植株较矮，株型紧凑，密蘖型，分蘖能力强，叶色浓绿。秋茭株高185～190厘米，夏茭株高170～180厘米。肉质茎较短，秋茭肉质茎长25厘米左右，重75克左右，夏茭肉质茎长20厘米左右，重60克左右（图1-10）。

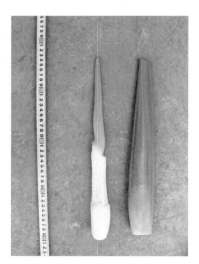

图1-10　广益茭

（5）浙茭3号 浙江省金华市农业科学研究院选育而成。秋茭于10月中下旬至11月中旬采收，亩产壳茭约1 500千克；夏茭于5月中旬至6月中旬采收，亩产壳茭约2 300千克。株型紧凑，叶鞘浅绿色与紫色相间，秋茭株高约197厘米，夏茭株高约182厘米。平均肉质茎重110克，4节左右，表皮光滑，肉质细嫩（图1-11）。

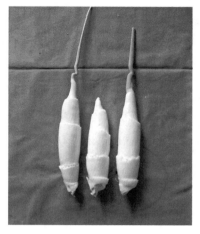

图1-11 浙茭3号

（6）浙茭6号 浙江省嵊州市农业科学研究所和金华水生蔬菜产业科技创新服务中心合作选育而成。中晚熟品种，秋茭于10月下旬至11月下旬采收，夏茭于5月中旬至6月中旬采收，平均壳茭重116克，秋茭亩产1 500千克，夏茭亩产2 500千克。植株高大，秋茭株高约208厘米，夏茭株高约184厘米，叶鞘浅绿色覆浅紫色条纹，长47～49厘米。平均肉质茎长18.4厘米，重79.9克，最大直径4.1厘米，竹笋形，3～5节，以4节居多，表皮光滑，肉质细嫩，商品性佳（图1-12）。

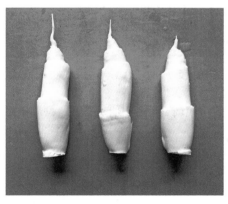

图1-12 浙茭6号

（7）浙茭7号　中国计量大学与金华市农业科学研究院合作选育而成。秋茭、夏茭均早熟，秋茭中的梭子茭早 3 ～ 5 天，平均壳茭重 132.7 克，亩产壳茭 1 368 千克；夏茭采收期比梭子茭早 5 ～ 7 天，平均壳茭重 135.6 克，亩产壳茭 2 718.8 千克。植株较高大，株型紧凑，叶鞘紫绿色。秋茭株高约 169.4 厘米，夏茭株高约 165.6 厘米。孕茭适温 18 ～ 28 ℃，肉质茎长 23.2 ～ 24.5 厘米，最大直径 3.5 ～ 3.7 厘米，重 97.8 ～ 98.2 克，一般 3 ～ 5 节，表皮光滑洁白，肉质细嫩，商品性好（图 1–13）。中抗锈病与胡麻叶斑病，适宜在浙江省中部以北地区种植。

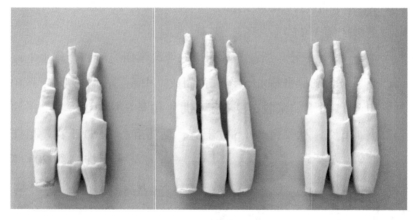

图 1–13　浙茭 7 号

（8）浙茭8号　浙江省金华市农业科学研究院和台州市黄岩区蔬菜生产办公室合作选育而成。早熟品种，秋茭正常年份于 10 月中旬至 11 月上旬采收，平均壳茭重 107.8 克，亩产壳茭 1 200 千克；夏茭浙江省中部地区于 4 月中旬至 5 月上旬采收，平均壳茭重 123.7 克，亩产壳茭 2 200 千克。秋茭平均株高 192

厘米，叶鞘浅绿色覆浅紫色条纹，叶鞘长45.5厘米，叶长136.4厘米、宽3.7厘米，每墩有效分蘖10.5个；夏茭平均株高151.8厘米，叶鞘长39.1厘米，叶长117.5厘米，宽3.5厘米，每墩有效分蘖16.6个。秋茭平均肉质茎长19.2厘米，重70.2克，最大直径3.4厘米；夏茭平均肉质茎长20.2厘米，重85.1克，最大直径3.5厘米，竹笋形，3～5节，表皮洁白光滑，肉质细嫩。中抗锈病和胡麻叶斑病（图1-14）。

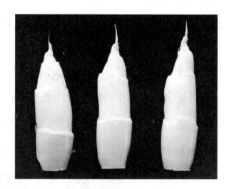

图1-14　浙茭8号

（9）浙茭10号　浙江省金华市农业科学研究院和台州市黄岩区蔬菜生产办公室合作选育。晚熟品种，11月上旬至11月底采收秋茭，壳茭重136～152克，平均亩产壳茭1 500千克；5月初至5月底采收夏茭，平均亩产壳茭2 600千克。株高182～200厘米，叶鞘浅绿色覆浅紫色条纹，长约50厘米，分蘖力强。肉质茎竹笋形，个体大，多3～5节，隐芽白色，表皮光滑洁白，肉质细嫩（图1-15）。

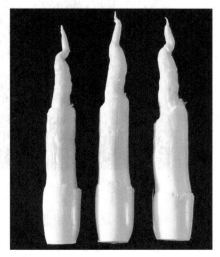

图1-15　浙茭10号

（10）**浙茭911新品系** 1995年由浙江农业大学（现浙江大学）选育而成。早熟品种，正常年份10月上旬至11月上旬采收秋茭，大棚栽培4月下旬至5月下旬采收夏茭。秋茭平均壳茭重132.7克，亩产壳茭1350千克；夏茭平均壳茭重135.6克，亩产壳茭2200千克。植株高大，株型紧凑，生长势较强。秋茭平均株高169厘米，叶鞘长49.3厘米，宽3.3厘米；夏株平均株高166厘米，叶鞘长43.2厘米，宽3.8厘米。秋茭平均每墩有效分蘖12.9个，净茭重97.8克，长23.22厘米，最大直径3.52厘米；夏茭平均净茭重98.2克，长24.47厘米，最大直径3.67厘米。肉质茎竹笋形，3～5节，表皮洁白光滑，肉质细嫩，商品性佳（图1-16）。中抗锈病和胡麻叶斑病。

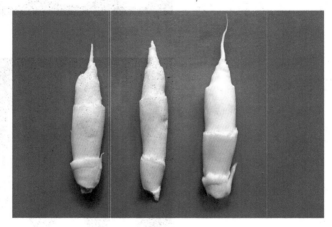

图1-16 浙茭911新品系

（11）**鄂茭2号** 湖北省武汉市蔬菜研究所选育而成。中晚熟品种，武汉地区秋茭早熟，9月上旬上市，平均亩产壳茭750千克；夏茭迟熟，6月上旬上市，平均亩产壳茭1250千克。

植株高大，分蘖力中等，秋茭株高240～250厘米，夏茭株高 180～190厘米。肉质茎长20～21厘米，最大直径3.5～4.0厘米，重90～100克，表皮洁白光滑，商品性好。

（12）鄂茭4号　武汉市蔬菜科学研究所和武汉蔬博农业科技有限公司合作选育而成。秋茭早熟，定植当年9月上旬上市；夏茭于定植翌年5月中旬上市。夏茭、秋茭亩产壳茭均可达1 100千克。株型较紧凑，生长势较强，分蘖力中等，株高240厘米。肉质茎长约20厘米，最大直径约3.5厘米，竹笋形，表皮洁白光滑，肉质致密。

（13）大别山4号　安徽农业大学园艺学院和岳西县高山果菜有限责任公司等单位合作选育而成。早熟，秋茭9月下旬至10月下旬采收，夏茭6月中旬至8月上旬采收，壳茭重140～155克，净茭率63%，亩产壳茭约2 160千克，夏茭产量占总产量的70%。生长势中等，株高180～190厘米，叶长105～130厘米，分蘖力较强，单株分蘖13～16个。肉质茎长17～21厘米，最大直径4～6厘米，梭子形。

（四）栽培技术

1. 秋种两熟茭

秋种两熟茭是指春季育苗，秋季定植，当年采收秋茭，留茬越冬后于翌年采收夏茭。

（1）秋茭

●茬口：选用早熟藕、早稻和茭白为前茬作物，于7月上中旬至大暑前定植。

●整地：定植前清除残茬，施腐熟猪粪 1 500 ～ 2 500 千克或鸡粪 750 ～ 1 000 千克作基肥，翻耕、平整，然后放浅水 5 厘米左右。

●定植：定植前，割去茭白种墩叶片，保留植株高度 30 ～ 40 厘米，将种墩连根挖起后分苗。分苗时应顺势用快刀将分蘖处茎节隔开，视秧苗的长势而定，一般壮苗每株一苗，弱苗可以 2 ～ 3 株一苗。分墩要带老茎，随分随栽，栽种时间应避开中午高温。

为了提高品质，增加茭肉粗度，现多采用稀植等距栽培：行距 90 ～ 100 厘米，株距 40 ～ 50 厘米，每亩 1 300 ～ 1 800 株（图 1-17）。

图 1-17　秋茭秧定植

●追肥：茭白定植 7 ~ 10 天后，追施提苗肥尿素 10 千克，8 月中下旬和 9 月上旬分别追施氮磷钾三元复合肥，每次 15 ~ 20 千克/亩，待 50% 植株孕茭后，追施氮磷钾三元复合肥 15 ~ 20 千克/亩和硫酸钾 10 千克/亩。可采用无人机施肥追肥。50 亩茭白 1 个劳动力人工喷洒施肥需要 3 ~ 4 天，而用 1 台无人机只要 1 小时，可节省大量的人力和时间成本（图 1-18）。

图 1-18　茭白无人机施肥

●灌水：茭秧定植后水位保持在 5 厘米左右（高温天气可加高水位），返青后及时搁田，搁田 10 ~ 15 天，促发新根。土壤有细裂纹时及时灌水。分蘖期水位保持 3 ~ 5 厘米，分蘖后加高水位至 15 ~ 20 厘米，孕茭期保持水位 10 厘米，秋茭收获期降低水位至 3 ~ 5 厘米。收获结束后，保持田面一层薄水，深烂田要排水轻搁田几天。早春严寒，适当加高水层护苗防冻。注意整修田埂，防止肥水流失。

●间苗：当茭苗长到 30 ～ 40 厘米时，要及时间苗，每墩留 10 ～ 12 个分蘖。

●除草：茭白行间杂草应及时人工拔除并深埋泥中作肥料，或降低水位至 3 ～ 5 厘米时，用专用除草剂喷雾杀灭。

●采收：当植株心叶短缩，倒 3 张大叶片与叶鞘交界处的"茭白眼"明显重叠并束腰，假茎亦显著膨大时为适宜采收期。秋茭采收在 10 月上旬至 11 月中旬，10 月中旬为盛采期，一般隔 2 ～ 4 天采收 1 次，种性好的共收 2 ～ 4 次。采收时齐茎基部用快刀将薹管割断，并将茭叶捆扎起放到地头，采收完毕后统一对齐茭白眼铡去上部叶片，即为产品"水壳"。秋茭亩产壳茭 750 ～ 1 000 千克，晚熟品种亩产壳茭 1 000 ～ 1 500 千克。

（2）夏茭

●割叶：两熟茭越冬后于 2 月底前用快镰刀齐泥割平茭墩，去除枯叶和秋季残留下的分蘖苗，以促进土中较好的分蘖芽萌发。对长势旺、分蘖力强的株墩要适当深割（泥面下 1 ～ 2 厘米），对长势弱、分蘖力弱的株墩要适当浅割（泥面上 1 ～ 2 厘米），以促进分蘖，保持全田植株生长一致。

●施肥：为促夏茭早萌发、多分蘖、早孕茭和提高产量，应早施肥、多施肥。12 月下旬每亩施腐熟有机肥 1 000 ～ 1 500 千克；3 月上中旬苗高 10 ～ 20 厘米时追施尿素 10 千克；4 月中旬再施氮磷钾三元复合肥，每亩 15 ～ 20 千克；待 50% 植株孕茭后，每亩施氮磷钾三元复合肥 15 ～ 20 千克和硫酸钾 10 千克；在采收盛期每亩追施尿素 10 千克，以提高后期产量。施肥可采用无人机进行。

●灌水：早春气温低，保持水位 3 ~ 5 厘米；茭肉开始膨大后，逐步加大水量至 10 ~ 15 厘米。

●间苗：当茭苗长到 30 ~ 40 厘米时开始间苗，每墩保留 20 个有效分蘖。

●除草：植株封行前进行中耕除草、清除田埂路边杂草，以减少病虫危害。

●采收：夏茭采收因品种不同而异。早熟种 5 月初始收，到 5 月底结束；晚熟种 6 月初始收，可延续到 7 月上旬止，采收相对集中。一般隔 3 天收 1 次，俗称"五天两头打"，以后"四天两头打"，共可采收 5 ~ 6 次。亩产壳茭 2 000 ~ 3 000 千克，高产品种 4 000 千克。

茭白采收后除及时鲜销，还可冷藏保鲜，日后远销。

1）原料选择：应选择充分长足，茭肉洁白，质地柔嫩，无病虫害，叶鞘包裹茭肉紧，不开裂者，并剔除二青茭、灰茭等，视茭白采收期可选择夏茭或秋茭。

2）加工装箱：茭白采收期在田间按茭肉长度切除基部根茎和叶梢，稍晾干露水后装入 6 ~ 8 丝* 塑料袋，再装入相应尺寸纸箱中。

3）预冷贮藏：茭白进保鲜库前要先预冷降温，然后入库保持 −1 ~ 0 ℃贮藏。夏茭一般贮藏期为 60 天，秋茭贮藏期为 90 ~ 120 天。

---

*1 丝 =0.01 毫米。

2.春种两熟茭

春种两熟茭是指春季定植，当年采收秋茭，越冬后采收夏茭（图1-19）。

图1-19　露地栽培春种两熟茭

（1）第一年

●整地：定植前亩施腐熟有机肥1 500千克，施后耕翻深20厘米左右，整地后灌水5厘米左右。

●定植：一般4月上中旬定植，最迟4月底。栽植方法同秋种两熟茭。行距100厘米，株距50厘米，亩栽1 300株左右。定植后保持水深2～3厘米。

●灌水：5月底至6月底为分蘖期，分蘖达25个后加深水位到10厘米，7—8月份高温季节加深到15厘米，有条件的用冷水灌溉，8月中下旬孕茭后水深加到20厘米，但采茭前排水

1 天，采后恢复，越冬期保持土壤湿润。

●施肥：在基肥不足时，可分批追肥，一般分蘖肥和孕茭肥每亩可追施氮磷钾三元复合肥 15 ~ 20 千克，孕茭期增施硫酸钾 15 千克，采收后期每亩可增加尿素 15 ~ 20 千克。施肥可采用无人机进行。

●除草：注意耘田拔草，清除黄叶及拔除雄茭、灰茭。

●采收：春种两熟茭的秋茭采收多在 9 月中旬开始，往往延长到 10 月中旬。由于其生育期长，产量也比较高，一般亩产壳茭 1 200 ~ 1 500 千克。

（2）第二年

●割叶：秋茭收完后，于 12 月份用快镰刀齐泥割平茭墩，并挖去雄茭和灰茭。

●补缺：割叶后在挖去留种茭、雄茭、灰茭和生长势弱、分蘖苗少的茭墩处适当补缺。一般补缺茭苗选取本田块生长势强、分蘖苗多的茭墩上切下，补齐茭墩。

●疏苗：为防止夏茭墩头苗数过多，一般要疏苗 2 次，第 1 次在 3 月底至 4 月初，第 2 次间隔 10 天左右，最后每墩苗数控制在 18 ~ 20 株。

●灌水：秋茭采收结束后，茭田保持水位 1 ~ 2 厘米或潮湿状态，越冬期保持水位 1 ~ 2 厘米。2—3 月份气温回升，水层增至 2 ~ 3 厘米，并随着植株长高逐渐加深水位到 10 厘米左右。

●追肥：1 月下旬至 2 月下旬和 4 月中旬各施 1 次，每次每亩施氮磷钾三元复合肥 15 ~ 20 千克，5 月中旬孕茭期增施硫酸钾 15 千克左右。采收后期每亩可增加尿素 15 ~ 20 千克。施肥可采用无人机进行。

●除草：夏茭由于分蘖多，长势旺，中耕除草应在植株封行前进行，边拔边踩入泥中沤烂作肥料。

●采收：春种两熟茭的夏茭采收为翌年的 5 月下旬至 7 月上旬，盛收期为 6 月份，一般亩产壳茭 2 000 ~ 2 500 千克。

3. 一熟茭

一熟茭是指春季定植，当年采收秋茭，采收结束后留茬翌年春再次分株定植，即一年内只采收一熟的模式。

一熟茭的栽培技术与春种两熟茭的第一年栽培方法基本相同。一熟茭品种大多于 9 月份采收，早熟种提前至 8 月下旬，晚熟种可延后到 10 月中旬，一般亩产壳茭 800 ~ 1 000 千克。

4. 高山茭

高山茭（图 1-20）指利用海拔 800 ~ 1 300 米的高山种植茭白，可比丘陵平原地区秋茭上市提早 40 多天，亩产壳茭 1 500 千

图 1-20　高山茭

克左右，为市场补淡、农民增收找到了新路。其栽培宜选用秋茭早熟、夏茭迟熟的品种，如鄂茭2号等，定植采用宽窄行，宽行110厘米，窄行50厘米，穴距45厘米，每亩1 600～1 800穴（一熟茭可适当密植），栽培方法参照春种两熟茭栽培。

5. 大棚栽培

设施大棚栽培多用于秋种两熟茭的早春栽培，可提早上市。品种宜选秋茭晚熟和夏茭中早熟类型，如浙茭6号、龙茭2号等，大棚覆盖时间一般于12月下旬至翌年1月上旬秋茭采收结束，地上茎叶枯萎半个月后，割去枯萎茎叶再覆盖塑料薄膜。冬季大棚管理以保温为主，预防冻害，寒潮天气可通过多层覆盖和调高水位来提高棚温。开春气温回升，要注意棚内温度调控，茭苗萌芽后开始适当通风，棚温在25℃时加大通风量，当外界日平均气温稳定在20℃后，揭去大棚薄膜，4月采收上市（图1-21）。

图1-21　双季茭白大棚长势（夏茭）

6. 冬种栽培

茭白冬种栽培是近年苏州研究的茭白栽培新模式，通过选用适宜的秋种两熟茭品种，于11月下旬至12月中旬定植（1～2株/穴），翌年5月下旬至6月采收夏茭，10月中下旬至11月中旬采收秋茭，基本实现当年定植，当年采收两熟茭。如选用适宜的一熟茭品种，可从原先9月采收提前至7月中旬至8月上市，有利于夏季堵缺补淡。该模式仍在进一步筛选适宜品种和完善中，仅供试验参考。

（五）种苗繁育

茭白是禾本科水生蔬菜，虽然可以开花结实，生成"菰米"，但同时也成为"雄茭"和"茭草"，不再结茭。因此，茭白均采用无性繁殖，精选具有品种优良特性、生长整齐、薹管短、结茭多、茭肉洁白、成熟一致、无灰茭和雄茭的植株留种。根据茭白的产茭季节和栽培模式的需求，茭白种苗发育技术主要有以下3种：

1. 分株育苗繁育

适用于两熟茭中的中熟、晚熟类型和一熟茭。在秋茭收获时挑选结茭整齐、采收集中、产量高的茭墩留种，做好记号。待翌年清明后将选好的种墩挖起，并根据新株苗数多少将每墩劈成4～5个小墩，每墩留苗2～3根，分墩后即开始育苗，8月上旬再分墩定植于本田。

2. 单季茭白薹管平铺育苗

9月中旬至10月上旬单季茭白采收后，10月下旬至11月初移植，育苗时间 25 天左右，适用于单茭茭白二茬栽培模式。剪下薹管，一般 3～6 节，把薹管平铺在寄秧田畦面上，没有芽的一边朝下，行距 5 厘米，株距是使薹管首尾连接的长度（图 1-22）。薹管利用本身自带的养分，从秧田中吸收水分，每个节位的分蘖芽都会萌发生根，长出独立的根系，形成新的茭白苗。待苗高 25 厘米时，移栽定植。

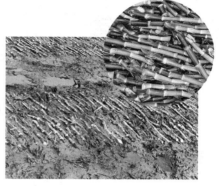

图 1-22　茭白薹管平铺育苗

3. 双季茭白二段寄秧育苗

寄秧时间为 4 月初至 8 月上旬，育苗时间 120 天。第一段育苗移植时间为 4 月初，直接挖起苗龄 4～5 叶期的茭白种墩，用快刀分割母株，每个小茭墩带一段短缩茎和 2～3 株新发茭苗，行株距 50 厘米×40 厘米定植到育苗田。第二段育秧时间，在 6 月中下旬，割去叶片，留地上部分高度 50 厘米左右，挖起进行单株分苗移植，行株距为 30 厘米×25 厘米，如秧田面积充裕，则行株距可以适当放宽。在 7 月下旬至 8 月上旬，把二段秧苗整丛定植到大田。

（六）主要病虫害防治

1. 病害

（1）**茭白胡麻叶斑病** 又称茭白叶枯病。在茭白整个生长期均可发病。主要危害叶片，初在叶片上出现黄褐色小点，后逐

图1-23 茭白胡麻叶斑病

渐扩大为椭圆形芝麻大小的褐色病斑，病斑周围叶组织常有一黄色晕圈，后期病斑边缘为深褐色，中间呈黄褐色或灰白色。湿度大时病斑表面上生暗灰色至黑色霉状物。严重时病斑密布，常引起叶片半枯死至全枯死（图1-23）。

病菌以菌丝体和分生孢子在茭白残叶上越冬。一般始发期为6月下旬至7月初，7月20日左右至9月上旬出现发病高峰，9月中旬后病情发展开始缓慢，11月中旬停止发展。土壤偏酸、缺钾或缺锌、长期灌深水缺氧、管理粗放或生长势衰弱的茭白田发病重。高温多湿的气候条件下，茭白连作田，种植密度大，偏施氮肥徒长，造成田间通风透光性不良，容易诱发此病。

防治方法：① 在冬季割茬（图1-24）时，收集残株叶带出田外集中烧毁。② 缺磷钾的田块，注意补充磷钾肥和锌肥。③ 茭白可与莲藕、荸荠、慈姑、芋头等轮作。④ 从分蘖末

图1-24 双季茭白冬季齐泥割茬

期开始或在发病初期及时用药，一般在 5 月下旬开始预防。

（2）**茭白纹枯病**　主要危害茭白的叶鞘。分蘖期至结茭期易发病，先从近水面的叶鞘上发病，初为水渍状、边缘不清晰的暗绿色小斑点，后逐渐扩大成圆形至椭圆形或不定形病斑。病斑中部淡褐色至灰白色，病斑边缘深褐色，与健壮组织分界明晰。以后多个病斑相互重叠而成云纹状或虎斑状大斑，病斑可扩展至叶片。严重时叶鞘变褐、腐烂。在潮湿条件下，病部常可见灰白色蛛丝网状物，或黑褐色似油菜籽大小的粒状菌核。

病菌的菌核散落在田间土中越冬，是翌年发病的主要菌源。菌核的存活力很强，遗落在土中的菌核可存活 1 ～ 2 年。翌年春季借助水流，随"浪渣"漂浮传播侵害茭白。茭白纹枯病属于高温高湿性病害，温度在 25 ～ 31 ℃，相对湿度超过 97 % 时发病重。凡田间长期深灌的发病重，而适度搁田有利于茭白生长，发病就轻。

防治方法：① 重病区实行 3 年以上水旱轮作，该法简便实用，效果显著。② 在茭白种植前清除田间菌源，捞取下风向的田边和田角的"浪渣"，并带出田外烧毁或深埋。③ 加强肥水管理，适当增施磷钾肥，避免偏施氮肥。采取浅水勤灌，干干湿湿，适度搁田，以水调温，以水调肥。④ 合理密植，及时摘除下部黄叶、病叶。⑤ 发病初期及时喷药。

（3）**茭白锈病**　主要危害叶和叶鞘，初在叶片及叶鞘上散生黄色隆起的小疱斑，后疱斑破裂，散出锈色粉状物，为病菌夏孢子堆；后期病部出现黑色短条状疱斑，表皮不破裂，为冬孢子堆。严重时导致叶鞘、叶片枯死（图 1–25）。

图 1-25　茭白锈病

以菌丝体及冬孢子在病株残体上越冬。借气流传播侵染发病。一般 4 月初病害始发（春暖年份 3 月下旬始发），5 月上旬至 6 月中旬进入发病高峰。生长期高温多湿，偏施氮肥有利于发病。

防治方法：① 结合割老墩，清除病残株及田间杂草。② 增施磷钾肥，避免偏施氮肥。③ 高温季节适当深灌水，降低水温和土温。④ 发病初期及时喷药。

（4）**茭白瘟病**　又称灰心斑病，主要危害叶片，病斑分为急性型、慢性型、褐斑型 3 种。急性型的病斑大小不一，似圆形，两端较尖，暗绿色，湿度大时病部叶背面有灰绿色霉层，是病害流行预兆。慢性型的病斑梭形，边缘红褐色，中间灰白色，病斑两端常有长短不一的坏死线，湿度大时产生灰绿色霉斑，该型症状是在干燥条件下由急性型病斑转变而来的。褐斑型的病斑在叶片上出现褐色小点，外缘无黄色晕圈，常在高温干燥的气候下老叶上易发生，致使叶片变黄枯干（图 1-26）。

以菌丝体和分生孢子在病残体、老株或杂草上越冬。借助风雨、水流和昆虫等传播。阴雨连绵，日照不足，台风多的季节，有利于病害发生。植株徒长，或过分密植则发病重。一般早熟品种较抗病。

图 1-26　茭白瘟病

防治方法：① 结合冬春割老墩枯叶，及时清理烧毁。② 因地制宜，选用抗病丰产品种。③ 加强管理，防止植株徒长。避免茭田长期深灌水，适时适度搁田。④ 发病初期及时喷药。

2. 虫害

（1）二化螟　别名钻心虫、蛀心虫。［成虫］体长 13 ~ 16 毫米。体灰黄色至淡褐色，头小，复眼黑色，下唇须长，突出前方。雌蛾前翅灰褐色，外缘有 7 个小黑点；雄蛾翅色较深，中室先端有 1 个紫黑色斑，中室下方有 3 个不明显同色斑，呈斜行排列，外缘也有 7 个小黑点。［卵］扁平椭圆形。卵块长带形，数十粒至百余粒卵粘连呈鱼鳞状排列。［幼虫］老熟时体长 20 ~ 30 毫米。头褐色，体淡褐色，体背有 5 条紫褐色纵纹，最下一条通过气门，腹面灰白色。［蛹］圆筒形，淡棕色。后足不伸出翅端，背面有 2 个角质小突起。

成虫有趋光性，喜将卵产在高大、嫩绿的茭叶背面。卵块分布在全田，故幼虫危害在田间分布也较分散。以幼虫在茭白、水稻等寄主植物的根茬和茎秆中越冬。在长江流域全年发生 2 ~ 3 代，

4—5月可见第1代成虫，5月下旬至6月上中旬为幼虫危害期，造成枯鞘、枯心、虫蛀茭；第2代发生在7月间；第3代发生在8月下旬至9月初，造成茭白"枯心死""蛀茭""虫茭"。

防治方法：① 结合割老墩，清除茭白病残体，开春铲除田边、水沟边杂草，消灭越冬幼虫。② 在二化螟产卵盛期前铲除田岸、水沟边杂草。③ 掌握在卵孵化高峰期和蚁螟转移高峰期用药。

（2）**大螟** 别名稻蛀茎夜蛾。［成虫］体长12～15毫米。雌蛾触角丝状，雄蛾触角短栉齿状。前翅淡褐色，翅中央沿中脉从翅基直至外缘有一条暗褐色纵条纹，其上下方各有2个小黑点。［卵］扁馒头形，顶端稍凹，卵表面有放射状细隆线。［幼虫］体长35～45毫米。头赤褐色，胸腹部淡黄色，腹部背面略带紫红色（3龄前体背鲜黄色），无背线。［蛹］体长约18毫米。长圆筒形，红褐色。头胸部有白色粉状物覆盖。背面、腹面各有2个小型角质突起。

成虫有趋光性，有趋向田边产卵的习性。以老熟幼虫在茭白墩、玉米秆、稻桩、麦田杂草根际部或土缝内越冬。在长江下游流域全年发生3～4代，第1代出现2个发蛾高峰，第一发蛾高峰在5月上旬至中旬初，第二发蛾高峰在5月底，夏茭受害，造成"蛀茭"。第2代发蛾高峰在7月上中旬，危害盛期在7月下旬，秋茭受害，产生"枯心死"。第3代发蛾高峰在9月上旬，危害盛期在9月下旬至10月上旬，造成秋茭的"蛀茭""虫茭"。

防治方法：参照二化螟的防治方法。

（3）**长绿飞虱** 别名蠓飞子。［成虫］体长5～6毫米，绿色或黄绿色。头顶细长，突出在复眼前。前翅长，伸出腹部末端。雌虫外生殖器常分泌白绒状蜡粉状物；雄虫抱握器细长，剑状。

［卵］香蕉形，略弯曲。卵上覆有白蜡粉。

［若虫］1龄后体背被有白色蜡粉或蜡丝，腹端拖出有5根尾丝，似金鱼形（图1-27）。

图1-27　长绿飞虱

若虫和成虫有群集性，有较强的趋嫩绿性，稍受惊，若虫即横向爬行。成虫能作短距离飞翔，有趋光性，喜在嫩叶叶肋背面肥厚组织内产卵。以卵在茭白、茭草和蒲的枯叶中及叶脉、叶鞘内滞育越冬。在长江中下游流域全年发生5代，全年在田间形成4个危害高峰期。第1个危害高峰期在5月上中旬，主要造成夏茭的局部危害。第2个危害高峰期在6月中下旬。第3个危害高峰期在7月中旬末至8月初，总虫量为第2个危害高峰期的2～3倍，是全年的防治关键。第4个危害高峰期在8月中旬至9月中下旬，发生量大，发生时间长，危害重。

防治方法：①冬季清除茭白残体，降低越冬卵量基数。②夏茭采收结束后，及时割除茭白残体。③8月上旬对秋茭打黄叶，增加田间通风透光性，降低虫卵量。④掌握在茭白封垄前，低龄若虫（2～3龄）盛发期用药防治。

（4）菰毛眼水蝇　［成虫］体长在2.5毫米左右；体黑灰

色；前翅前缘有 2 个缺刻；触颖长，呈梳状；复眼具毛；平衡棒为黄色。［卵］长梭形，长 0.6 毫米左右；具 7 ~ 8 条明显的纵条纹。［幼虫］长圆筒形，老熟时体长 7 毫米左右；体表光滑，具刚毛；体 11 节；前胸气门突起，腹部末端有气门突 1 对。［蛹］圆筒形，长 7 毫米左右；体 11 节；头部前端有两丛黑鬃，尾部有黑色气门突 1 对（图 1-28）。

图 1-28　茭毛眼水蝇

成虫对腐臭物及甜食有趋性，飞翔力不强，主要在田边 1 ~ 3 米处活动。卵散产，大多数产于茭叶的叶鞘背面处。以老熟幼虫在茭墩根茎壁上越冬。幼虫有转移危害习性。高温对该虫有抑制作用。田园环境卫生差，特别是腐烂物多的田块，以及田埂、路边、河边等处瓜皮、果壳等污物多能引诱成虫密集活动，危害也就重。在江浙一带 1 年发生 4 ~ 5 代。主要发生在 5 月上旬至 10 月中旬，危害高峰期为 7 月下旬至 10 月上旬。从 8 月上旬开始种群数量急增，故秋季明显重于春季。

防治方法：① 在引种茭苗时应严把检疫关，以免人为传播。

② 在秋茭收获后，将铲除的茭墩、雄茭、灰茭、残茬晒干后集中烧毁，或者直接填埋水淹、沤肥。③ 铲除田间杂草及田边瓜皮果壳等腐败物，减少成虫产卵场所和取食来源。④ 在成虫发生始盛期至盛末期，在茭田和四周田埂的杂草上，每隔 15 ～ 20 米放置 1 张灭蝇纸进行诱杀，3 ～ 4 天后更换 1 次。⑤ 掌握主治 1 代、2 代，控制 3 代、4 代策略。灭杀初孵幼虫，兼治成虫。也可与防治茭白其他害虫一并用药。

茭白病虫害防治中，也可使用无人机喷洒农药，这类型无人机包括农业植保机 MG-1 等。以前，茭农主要采用背负式喷雾器施用化学农药防治，存在打药频次过高、用药种类混乱、使用剂量过大等问题。植保无人机专业化统防统治作为一种新的病虫害防治组织形式，具有技术集成度高、装备先进、防控效果好、防治成本低、组织化程度高、应急防控能力强等优点，逐渐走入了各大茭农的视线。同时，喷洒农药的作业人员手工背负农药进行喷洒的作业量是每人每天 10 ～ 15 亩，而植保机喷洒农药的作业量是每台每天 300 ～ 500 亩，植保机的工作效率是人工效率的 40 ～ 60 倍。

二、莲藕

（一）栽培价值

莲藕（*Nelumbo nucifera* Gaertn.）古名荷，别名水华、水芙蓉等，为睡莲科莲属多年生宿根性草本水生蔬菜。莲藕按其用途分为花莲、籽莲、藕莲三种。

莲藕在我国分布极广，从南到北绝大部分省（区、市）均有栽培。藕莲种植面积达 500 万～600 万亩，以长江流域为主，其中湖北种植面积最大，江苏、安徽也有较大的种植面积，苏州花藕、宝应贡藕、武汉州藕和安徽潜山雪湖贡藕均已驰名中外。籽莲种植面积约为 150 万亩，种植面积居前两位的是湖北、江西两省，之后为湖南、福建、四川等省，建宁的建莲，广昌的白莲，洪湖、监利的鄂莲，以及湖南的湘莲均已形成了各自的品牌，在国内外有了一定的销售市场。而花莲则多在各大中城市发展，在公园和园林风景区种植。

莲藕营养丰富，菜藕可制作色香味俱佳的菜肴和点心，亦可加工成饮料；莲籽既可鲜食和加工成鲜莲汁，亦可加工成干莲肉，作为高档补品；藕节、莲根、莲叶等均可入药。

近年来，速冻藕、保鲜藕、盐渍藕、泡藕带和莲子的保鲜、加工出口大大推动了农村产业结构调整，增加了农民的收入，亦丰富了市场，促进了我国莲藕新品种选育，无公害和绿色食品栽培技术，莲田套养以及产品深加工技术的研究和开发。

据《中国传统蔬菜图谱》介绍，100 克莲藕鲜样可食部分中含蛋白质 1.0 克、脂肪 0.1 克、碳水化合物 19.8 克、粗纤维 0.5 克、维生素 C 25.0 毫克、胡萝卜素 0.02 毫克、钾 497.0 毫克、钠 49.7 毫克、钙 19.0 毫克、镁 16.4 毫克、磷 51.0 毫克、铜 0.5 毫克、铁 0.5 毫克，此外还含有硫胺素 0.11 毫克、核黄素 0.04 毫克、烟酸 0.4 毫克、抗坏血酸 25 毫克、热量 351 千焦耳。

莲藕全身均为宝，其主要药用成分为焦性儿茶酚、过氧化物酶。生藕性寒，甘凉入胃，具有消瘀凉血、醒酒开胃等作用，可解热病烦渴，对因热病造成的咯血、吐血、衄血及产后血闷有缓解作用。熟藕性温，能健脾开胃、养血生肌、止泻、止咳。藕粉甘咸平，有益血、开胃、生津、清热之功效。藕节甘涩平，且富含单宁酸，有收缩血管的作用，能止血散瘀，对咳血、便血、子宫出血等症有功效。莲房味苦、涩，性温，能散瘀，可缓解产后腹痛、白带过多之症。莲子味甘、涩，性平，无毒，有交心肾、厚肠胃、固精气、强筋骨、补虚损、利耳目、除寒热之功效。莲须为固肾涩精之品，有固精、止血功效。荷叶味苦，性平，色青气香，有清暑、解热、助脾开胃之功效。此外，荷梗有顺气、宽胸、通乳之功效，荷蒂有安胎、止泻之功效等。

（二）生物学特性

1. 形态特征

莲藕又名莲、藕等。藕莲以食用肥大的地下茎为主，亦称菜藕。籽莲以食用莲子为主。花莲则以观赏花朵为主。本书主要介绍藕莲和籽莲。

（1）根　为须状不定根，主根不发育，不定根成束环生在根状茎基节部四周，每节5～8束，每束7～25条，每条长10～15厘米。

（2）茎　莲藕的茎为地下茎，由种藕的顶芽和侧芽抽生长成，前期称为莲鞭，在土中匍匐生长，分支蔓延。莲鞭一般最大直径2～3厘米，长20～50厘米，横切面上有4～5个通气孔。生长后期，莲鞭顶端膨大成粗壮的茎，即藕。藕一般分3～5节，多的则达9节以上，每节长10～20厘米，最大直径4～7厘米，节部缢缩，使每节呈圆筒形；皮色有白色、淡黄、黄色等。藕按其着生主次分为主藕、子藕和孙藕。主藕由主茎膨大而成，从主藕节部长出的小藕称为子藕，从子藕节部长出的小藕称为孙藕。藕是主要食用器官和繁殖器官。藕的顶端一节叫藕头，其上着生顶芽。顶芽外披鳞片，里面有一个包裹着叶鞘的叶芽和花芽的混合芽及短缩的根状茎，根状茎顶端又有一个顶芽。依此类推，不断扩繁。同样，藕节上的侧芽也有和顶芽相同的结构和功能。

（3）叶　种藕萌芽生长出"荷钱叶"，其中有的不出水面，称为"水中叶"，其叶小，梗软，有的叶片浮于水面。同时抽出细长的地下茎，即莲鞭，并在土中匍匐生长分枝蔓延。地下茎有节，节环上有叶芽，并向上抽生叶片1张。叶具长柄，出水叶片呈盾状圆形，即荷叶。主茎（主鞭）和分枝（侧鞭）上开始抽生的叶片较小，叶柄细弱，不能直立，因其浮于水面故称"浮叶"。以后抽生的叶片逐渐高大，叶柄直立，将叶片挺出水面，称为"立叶"。立叶是莲藕植株的功能叶，叶片表面绿色，具蜡质白粉，直径 60 ~ 90 厘米，叶柄圆柱形，其上密布刚刺，叶柄内有四大二小通气道，上与叶片相连，并形成一个半环形的箍，下与地下器官的气道相通，形成发达的通气系统。立叶生长呈上升阶梯状，当出现最大一张立叶（称为后栋叶）后，莲鞭顶端向前斜下生长，并逐渐增粗，开始结藕。从后栋叶开始往后每个藕节上可抽生 1 片小叶，其中一片叶厚，并向内卷曲，叶柄短，柄上刺稀少，称为终止叶。根据后栋叶和终止叶的位置可以找出地下藕的准确位置。

（4）花　莲藕地下茎节上立叶着生处的背面可抽生荷花。荷花单生，为两性花。花蕾卵形，花有红、黄、白等色，数量视品种不同而异。虫媒或风媒，单瓣，匙形。雄蕊花丝浅黄色，花药黄色，纵裂；雌蕊柱头顶生，无花柱，子房上位。授粉受精后花谢，种子发育生成莲蓬和莲子。花柄圆柱形，密布小刺。

（5）**果实和种子**　莲蓬内每一子房可发育成一个椭圆形坚果，即莲子。莲藕一般每个莲蓬有籽 20 余粒，多的可达 50 ~ 60 粒。莲子去壳即为种子，种子由种皮、子叶和胚组成。种皮极薄，子叶半圆形，基部合生，色白，胚芽绿色，按种皮颜色不同可分为红莲和白莲。

2. 生长发育过程

莲藕的生长发育可分为萌芽期、茎叶生长期、根茎膨大期、开花结果期和越冬休眠期等 5 个时期。而藕莲和籽莲因其生长类型不同，生育期亦有一定的差别，下面以长江中下游地区莲藕栽培为例。

（1）藕莲

●萌芽期（4月中旬至5月中旬）：当春季旬均气温在15～21℃时，种藕的顶芽、侧芽和叶芽开始萌发，长出莲鞭，并相继生成荷钱叶、浮叶和立叶。

●茎叶生长期（5月下旬至7月中旬）：从立叶长出开始到结藕前，此期气温迅速上升，旬均气温在21～28℃，茎、叶迅速生长，随着根状茎伸长和分枝，叶片数也快速增加。

●根茎膨大期（7月下旬至10月上旬）：此时旬均气温在19～29℃，莲鞭顶端向前下方生长，并长粗结藕。

●开花结果期（6月上旬至9月中旬）：在茎叶生长旺期，有3～4片立叶时，藕莲地下茎节上立叶着生处的背面可同时抽生荷花，一般1叶1花，但早熟藕多无花。藕莲从开花至果实成熟需30～40天。

●越冬休眠期（10月中旬至翌年4月上旬）：此时旬均气温为3～18℃，植株地上部生长逐渐停止并枯死，地下部以莲鞭和膨大的养分贮藏器官——藕越冬。藕莲从种藕萌发到新的种藕形成并采收，全生育期为180天左右。

（2）籽莲　籽莲的生长发育时期同藕莲基本相同，所不同的是籽莲的茎叶生长期长，从5月下旬至8月下旬，相应所开的花亦多，产的莲子亦多，而根茎膨大期则延后到9月上旬至10月下旬。由于籽莲主要产品是莲子，养分消耗多，故其藕形较小，大多不堪食用，有的品种可加工成藕粉。

3.对环境条件的要求

（1）温度　莲藕在旬均气温达到15℃以上时才开始萌芽生

长，冬季低于5℃时地上部枯死。生长适温为 20 ~ 30℃，日夜温差大有利于养分积累和结藕。

（2）**水分**　莲藕除挺水的立叶和花梗在水面上外，其余均生长在水中，应根据不同种类对水深的要求来进行调节。如浅水藕和深水藕之区别，前者宜在 20 ~ 25 厘米深的水中生长，而后者可忍耐 1 米以上的水位。莲藕对水质要求较高，不得污染，以免影响植株生长和藕的品质。

（3）**土壤**　由于莲藕地下茎、顶芽穿透力特强，无论黏土还是沙土，板结或疏松，均可顺利穿透，因此莲藕对土质要求不高。但为了获得莲藕的高产和便于采挖，还应注意有疏松的土壤并施用足够的腐熟有机肥。土壤深度浅水藕在 25 ~ 30 厘米，深水荡藕在 40 厘米以上。土壤酸碱度为中性或微酸性，pH 值以 6.5 为最好。

（4）**光照**　莲藕为喜光植物，因此要求莲田的四周空旷，阳光充足，尤其在大棚等保护地栽培时更应注意。莲藕对光照长短要求不严，但籽莲生长在长日照下更为合适。

（5）**空气**　微风能促进莲藕植株的光合作用和传播花粉，但因莲藕叶片大，而叶柄和花梗较细长，地下茎在淤泥中固着力又差，一旦遭遇强风暴雨，很容易折断叶柄和花梗，或造成植株倒伏。尤其台风过后，不但结藕期延后，还会造成藕卜的增加（连续两个藕卜后再结藕段）。籽莲则毁坏花朵，影响授粉受精，减少莲子产量。因此，在台风等强对流天气时应注意及时加深水位，增强植株抵抗能力。

（三）类型和主要品种

1. 藕莲（菜藕）

（1）东河早藕　浙江省义乌市东河田藕专业合作社、浙江省金华市农业科学研究院等单位共同选育而成。特早熟，一年两熟。6月上中旬采挖，亩产 750 ~ 1 000 千克；9月中下旬以后采挖，亩产 2 000 ~ 2 100 千克。花白爪红色，株高 110 厘米。嫩鲜藕以主藕为主，长 51 厘米，2 ~ 3 节，长筒形，表皮白而光滑，肉质脆甜，宜生食或炒食。老熟藕有子藕 1 ~ 2 支，主藕长约 62 厘米，3 ~ 4 节，皮淡黄色，质粉，宜炒食或煨汤。

（2）花藕　江苏省苏州市地方品种。早熟，浅水田栽培。一般于7月中旬始收嫩鲜藕至8月底结束，单支藕重 1.5 千克左右，亩产嫩鲜藕 800 ~ 1 200 千克。该品种因藕身形状和发育期长短还分为早、中、晚 3 个品系。其中早熟、中熟花藕无花，晚熟花藕开少量白花。主藕 4 ~ 5 节，藕身较短，中段长 20 厘米左右，最大直径 5 ~ 8 厘米，粗细均匀。表皮黄白色，肉白色，生食甜嫩，水分多。

（3）鄂莲4号　湖北省武汉市蔬菜研究所育成。早中熟，亩产鲜嫩藕 750 ~ 1 000 千克，老熟藕 2 500 千克左右。花白色，主藕 5 节，粗圆筒形，长 120 ~ 150 厘米，直径 7 ~ 8 厘米，梢节粗大。皮淡黄白色，单支藕重 5 ~ 6 千克。生食较甜，煨汤较粉，亦宜炒食。

（4）鄂莲5号　湖北省武汉市蔬菜研究所育成。早中熟，每亩收老熟藕约 2 500 千克。藕入泥浅，主藕 5 ~ 6 节，藕头、节间肩部圆钝，节间均匀，主藕节间短筒形，藕肉厚实，表皮黄白色（图2-1）。适应性广，抗逆性强，稳产。炒食、煨汤皆宜。

（5）鄂莲6号　湖北省武汉市蔬菜研究所杂交育成。早中熟，9月下旬收枯荷藕，亩产老熟藕2 000 ～ 2 500千克。花白色，藕入泥浅。主藕5 ～ 7节，长90 ～ 110厘米，重约2.6千克，表皮黄白色，整藕3.5 ～ 4.0千克（图2-2）。宜炒食。

图2-1　鄂莲5号　　　　　　　　图2-2　鄂莲6号

（6）鄂莲7号（珍珠藕）　湖北省武汉市蔬菜研究所杂交育成。早熟，长江中下游地区7月上旬每亩收青荷藕1 000千克左右，或8月上旬以后收老熟藕2 000千克左右。适宜早熟栽培，尤其适合保护地种植。藕入泥浅，主藕5 ～ 7节，藕表皮黄白色，光滑，藕头圆钝，主藕节间形状为短筒形，均匀，藕肉厚实（图2-3）。炒食、煨汤皆宜。

图2-3　鄂莲7号

（7）**鄂莲8号** 湖北省武汉市蔬菜研究所杂交育成。晚熟，每亩收老熟藕约2 200千克。生长势强，植株高大。主藕5～6节，藕表皮白色，主藕节间形状为中筒形，商品性好。宜煨汤。

（8）**鄂莲9号（巨无霸）** 湖北省武汉市蔬菜研究所杂交育成。早中熟，每亩收老熟藕2 500～3 000千克。叶片大。主藕5～7节，表皮黄白色，主藕节间形状中短筒形。主藕、子藕粗大（图2-4）。产量高、商品性好。炒食、煨汤皆宜。

图2-4 鄂莲9号（巨无霸）

（9）**鄂莲10号（赛珍珠）** 湖北省武汉市蔬菜研究所杂交育成。早熟，长江中下游地区7月上旬每亩收青荷藕1 200千克左右，或8月上旬以后收老熟藕2 100千克左右。适宜早熟栽培，尤其适合保护地种植。主藕5～7节，主藕节间形状为中短筒形，表皮黄白色，子藕粗大，商品性好（图2-5）。宜炒食。

图2-5 鄂莲10号（赛珍珠）

（10）**脆秀莲藕** 扬州大学杂交育成。早中熟，2月中下旬大棚栽培，于6月中下旬采收，亩产约1 100千克；4月下旬露地栽培，7月下旬采收，亩产约1 800千克。藕身长圆筒形，藕段长16～37厘米，最大直径5.5～6.0厘米，3～5节，直链淀粉含量高，质脆，适宜鲜食和加工。

2. 籽莲

（1）建选 17 号　福建省建宁县莲籽科学研究所选育。全生育期 205 天左右，有效花期 105 天，采收期 110 天左右。亩产鲜莲蓬 3 500 个左右，鲜莲子 260 ~ 340 千克（图 2-6），加工干通心白莲 65 ~ 110 千克。植株生长势和抗病性强，株高 75 ~ 145 厘米，叶面直径 46 ~ 76 厘米，花色白爪红，单瓣。莲蓬直径 11 ~ 16 厘米，着粒密。心皮数平均约 25 枚，结实率 80％左右，单粒鲜重约 4.0 克，果形指数 1.29 左右。

图 2-6　建选 17 号（莲子）

（2）建选 31 号　福建省建宁县莲籽科学研究所选育。全生育期 240 天左右，有效花期和采收期均为 120 天左右。亩产鲜莲蓬 3 500 个左右（图 2-7），鲜莲子 300 ~ 380 千克，加工干通心白莲 70 ~ 120 千克。植株生长势和抗病性强，株高 78 ~ 175 厘米，叶面直径 48.0 ~ 71.4 厘米，花色白爪红，单瓣。莲蓬直径 11 ~ 21 厘米，着粒较密。心皮数平均约 32 枚，结实率 67.8% 左右，单粒鲜重约 4.4 克，果形指数 1.23 左右。

图 2-7　建选 31 号（莲蓬）

（3）建选35号　福建省建宁县莲子科学研究所育成。8—10月分批采收，平均亩产鲜莲蓬3 800个（图2-8），鲜莲子280 ～ 360千克或干通心莲70 ～ 90千克。株高70 ～ 160厘米，花白爪红色，莲蓬扁圆形，蓬面平，口径12 ～ 17厘米，心皮28枚，着粒较密。莲子圆卵形，紫褐色，果形指数1.21左右。

（4）金芙蓉1号　浙江省金华市农业科学研究院、浙江省武义县柳城镇农业综合服务站等共同育成。7月上旬至9月下旬采收，平均亩产鲜莲蓬5 300个，鲜莲子300千克或干通心莲80千克。株高约112厘米，矮小，花玫瑰红色、碗状，重瓣。平均每蓬莲子数21.6个，成熟莲籽短圆柱形，鲜籽百粒重320克，鲜食脆甜（图2-9）。

图2-8　建选35号（莲蓬）　　　　图2-9　金芙蓉1号

（5）金芙蓉3号　浙江省金华市农业科学研究院选育。7—9月采收，平均每亩有效莲蓬数4 500个，亩产鲜莲子400千克以上，干莲子100千克。大型籽莲品种，植株健壮，平均株高168.5厘米，花茎高173.3厘米，叶上花，花色粉红，单瓣，花托碗状、边缘上翘，花瓣17 ～ 19枚，花冠直径22.9厘米。莲蓬平均直径 12.7 厘米，心皮数 26.6 粒，实粒数 23.3 粒，结实率 87.57%（图 2-10）。鲜莲子平均粒长 2.3 厘米，宽 1.8 厘米，粒型指数 1.3，呈嫩绿色高圆形。鲜莲子百粒重约 367.6 克。鲜莲子平均总糖含量 5.3%，纤维素含量 0.6%，中抗疫病和炭疽病。

（6）湘莲 2 号　湖南省农业科学院蔬菜研究所杂交选育而成。浅水田栽，8—10 月采收，

图 2-10　金芙蓉 3 号（花和莲蓬）

亩产壳莲约 150 千克。花粉红色，心皮 30 枚，莲子卵圆形。

（7）太空莲 3 号　江西省广昌县白莲科学研究所通过卫星搭载，诱变育成。8—10 月采收，平均亩产莲蓬 4 800 个，干通心莲 80 千克。花红色，莲蓬蓬面平，着粒较疏，心皮 18～24 枚。莲子卵圆形，百粒重 100 克。

（8）满天星　又名鄂子莲 1 号，湖北省武汉市蔬菜科学研究所育成。8—10 月采收，平均亩产莲蓬 4 500 个，鲜莲子 360～400 千克或干通心莲 95 千克。株高约 166 厘米，花红色，莲蓬扁平，着粒较密，心皮 27～46 枚。莲子卵圆形，百粒重 180 克。

（9）十里荷 1 号（红花单瓣）　由建德市里叶十里荷莲子开发中心、建德市农业技术推广中心粮油站、建德市里叶白莲开发公司、浙江省农业科学院植物保护与微生物研究所、武义县科

学技术局共同选育申报。熟期早，谢花后到果实成熟（采摘）为 12 ~ 18 天，杭州地区一般 6 月底 7 月初就开始采收莲蓬，采摘期可持续到 10 月底，每亩通心白莲产量 80 ~ 100 千克。叶柄长约 150 厘米，花单瓣、红色，莲蓬扁圆形，蓬面平，直径 10 ~ 15 厘米，花期可达 110 天以上。心皮 18 ~ 25 枚，着粒较密，莲子卵圆形，结实率约 85%。通心白莲千粒重 970 克左右，鲜食品质一般，干通心莲乳白微黄，品质较好。

（10）鄂子莲 1 号（满天星）　湖北省武汉市蔬菜科学研究所育成。早中熟品种，花期 6 月上旬至 9 月中下旬。该品种成熟时莲蓬较重，应及时采摘，以免倒伏，每亩莲蓬数 4 500 ~ 5 000 个，产鲜莲子 360 ~ 400 千克，或铁莲子 180 ~ 200 千克，或干通心莲 95 ~ 110 千克。花单瓣、粉红色，莲蓬扁圆形，着粒较密，单个莲蓬莲子数 32 ~ 35 个，结实率 77%。鲜果单粒重约 4.2 克，鲜食甜。鲜食、加工皆可。

（四）栽培技术

莲藕栽培从产品来分有藕莲、籽莲和藕带栽培，而藕莲栽培又可分为浅水藕和深水藕栽培，从栽培方法又分为设施早熟栽培、单季栽培和双季栽培等，此处重点介绍浅水藕栽培、深水藕栽培及籽莲栽培技术。

1. 浅水藕栽培

（1）藕田选择　浅水藕的前茬有荸荠、慈姑、水芹及水稻等。土壤应选择有机质含量高、保水保肥力强的低洼水田、塘田，土层深 25 ~ 30 厘米。

（2）**整地施肥**　前茬收获后，要整修田埂，平整土地，亩施腐熟有机肥1 500千克左右，并浅耙入土。

（3）**优选藕种**　首先要选用浅水藕品种，露地栽培的留种藕于4月中旬挖起，并选子藕生长方向一顺的做种（即长在亲藕的一侧）。种藕可用整藕，也可将亲藕（大藕）上市，只留子藕做种，种藕必须保留完整的顶芽。

（4）**栽种方法**　分为平栽和斜栽2种，但以斜栽为好，即按藕身长度在田里挖一浅沟，沟的一端深15厘米左右，种藕顶芽向下顺势斜插，与土面成30°角。覆土后，梢部翘出土面，接受阳光，受热快，透气性好，发芽早，并可作为标记，便于日后操作管理。注意田周边种藕排列时，顶芽方向应面向田中央。

> 种藕应随挖随栽，带泥定植。如不能及时种植，则须盖草保湿，防止叶芽干萎。定植时间多为4月中下旬，定植密度因品种和上市早晚要求而异，其中早熟花藕行距2米，穴距1.0～1.2米，每穴栽亲藕1支或子藕2支，有4～5个芽，每亩栽300穴，1 000～1 200个头（芽）。中熟慢荷行距2米，穴距2米，每穴栽3～4个芽，亩栽150穴，450～600个头（芽）。如藕田后茬为茭白，为减少运输，则多在藕田四周留种茭秧（3～4排），占地30%左右。

（5）**肥水管理**　浅水藕定植后保持水位3～5厘米，以后逐渐加深到10～15厘米，藕膨大期水位降至3～5厘米。挖藕时再加深到10厘米左右，便于挖取。留种藕应加深水位，以保安全越冬。在莲藕生长期间一般需要追肥2次，均在荷叶封行前完成。第1次为发棵肥，第2次为结藕肥，分别用氮磷钾三元复合肥每亩施20千克和30千克。

（6）中耕除草　从藕种定植后15天左右开始耘田，2～3次，到植株封垄为止。另外，及时清除浮萍。

（7）及时转头　6月下旬以后，气温升高，莲鞭迅速伸长。为防止藕头穿过田埂，要及时转头，一般以晴天下午为宜，转头时要连藕把一起托起，轻拿轻放。在较大面积藕田生产中可省略此步骤。

（8）采收　浅水藕一般收获较早，因其品质好，多以嫩藕上市，苏州花藕在7月中旬始收，慢荷8月上旬始收。挖藕前1～2天，应先将完整的绿色功能荷叶摘下，暴晒1～2天，制成干荷叶，一般亩产干荷叶50～60千克。经摘叶后的藕皮色由黄转白，提高了品质。

在浅水藕栽培技术中还有薄膜覆盖栽培、返青早熟栽培和节水设施栽培，达到了增产增收、堵缺补淡的效果。

1）薄膜覆盖栽培：采用大棚栽培，小棚栽培，大棚育苗、露地栽培以及大棚、小棚双层覆盖栽培都能大大提早藕的上市期。如在标准大棚内再搭两垄高1米左右的小棚，3月上旬定植，6月中旬即可采收，比露地栽培增产50%左右。

2）返青早熟栽培：湖北省武汉市蔬菜科学研究所通过选用鄂莲7号、鄂莲1号和鄂莲5号等早熟品种，利用传统栽培（3月下旬至4月上中旬定植，7月上中旬采收大藕上市）留下的小藕做种重新定植，当年不采收，留地越冬，待翌年返青生长，重新结藕，并于6月中下旬至7月下旬采收。

3）节水设施栽培：节水设施栽培主要用于北方缺水地区，河南省新郑市通过建设节水池获得了藕莲的优质高产。设施藕池分为"硬池"和"软池"两种类型，前者为混凝土砖墙池，亩投资4 500～5 000元，可用15年。后者为塑料防渗膜池，每亩约需2 000元，可用3年。通过套养和精心管理，一般亩产4 000千克以上。

2. 深水藕栽培

深水藕栽培与浅水藕栽培方法基本一致，但应在以下几个方面重点关注：

（1）**水面**　一般选择浅水湖荡、河湾，要求水流平缓，淤泥层厚20厘米以上。春季定植时水位不超过30厘米，汛期水位不超过1.2米。

（2）**藕种**　选用深水藕品种，用种量比浅水藕增加20%左右。

（3）**整地**　深水藕为一次栽植，多年采收，因此前茬要清理干净，并注意深翻，促进残茬腐烂，改良土壤。应施足基肥，整平，放入浅水，定植种藕。

（4）**定植**　深水藕因水位高，温度低，定植期一般要推迟10～15天。栽时用泥压紧，防止浮起。并及时检查，防止缺苗

断垄。

（5）**追肥**　深水藕的追肥采用固体肥。用厩肥或将化肥和泥做成泥团抛施。

（6）**排水**　生长期间要密切注意汛情，应及时排涝，防止大水淹没荷叶。另外，为减轻风浪危害，大水面应在纵横间隔10～20米种植茭草。

（7）**采收**　深水藕多为晚熟藕，挖藕多手足并用，先找到终止叶，用脚插入泥中探藕，找到后蹬去藕两侧泥土，将莲鞭踩断，一手抓住藕的后把，一手扶住藕身中段，轻轻提出，或用长柄铁钩钩出。采收时先将荡田四周1.5米宽左右的藕全部挖起，然后在田中采挖2米宽后留50厘米宽不挖，做下年种藕，以后每年留种部位应轮换。

3. 籽莲栽培

（1）**繁殖方法**　籽莲的繁殖方法分为有性繁殖（莲子）和无性繁殖（莲藕）2种。

a. 有性繁殖。指直接利用果实（莲子）播种栽培的方法，只适合常规品种繁殖及杂交育种用。

●选种：选留具有本品种特性的稳定品种果实做种，要求充分老熟，干燥，无腐烂，无畸形，果皮光滑。

●破壳：用钳子在果实的果脐端破一小口或用钉子钻一小孔（不伤胚芽），以利吸水发芽。

●催芽：经破壳的果实放在50℃温水中浸种，待自然降温后再继续浸泡，直至发芽为止。中间应多次换水。

●播种：当莲种胚芽长0.2～0.3厘米时即可播种。行株距为 15 ~ 20 厘米见方，入土深度以埋没种子即可，移栽后水深保持在 2 ~ 3 厘米，以后随着植株长高将水位加到 10 ~ 15 厘米。

●定植：当莲苗长出 3 ~ 4 张叶片时定植露地，每亩 600 ~ 700 株，行株距 1 米见方。

b. 无性繁殖。指用种藕做种繁殖的方法。

●选种：在上年大田中选留具有品种特征、无病虫害、莲蓬大、籽粒多且大的植株留种，冬季保持浅水层，严禁人畜践踏。

●定植：4 月中下旬待气温回升后，挖出种藕，直接采用整藕或子藕移栽，每亩用藕 150 ~ 200 支，种藕田与大田比为 1 ：6 左右。

（2）塘田选择　籽莲可利用鱼塘、稻田种植。栽前加固、加宽田埂，整修灌排渠道。前茬稻田应事先耕翻，耙平，施足基肥，每亩施腐熟有机肥 2 000 ~ 3 000 千克或饼肥 200 千克左右，酸性土壤可增施石灰 25 ~ 50 千克，以调节 pH 值到 7 左右。

（3）田间管理　参照藕莲栽培。

（4）化学去杂　为保证品种纯度，在大田里一旦发现不具原品种特征特性的杂株及变异株应及时用灭根性除草剂注入其叶柄或花柄通气道中杀灭。

4. 采收

7—9 月是采莲旺季，为防止下田践踏莲鞭，可用"菱桶"下水采摘，并每隔 2 ~ 3 米开采莲路，固定方向巡回采摘。采收莲蓬要适时，鲜食莲蓬应采摘籽粒充分长足、果皮绿色的莲蓬，其含糖量高，淀粉含量较低。为减少空瘪率，大面积种植时，可以养蜂放飞授粉。加工干莲肉者应选择充分成熟、果实变褐但尚未

与莲蓬形成离层的莲蓬。采摘后及时敲打脱粒，晒干。一般亩产湿壳莲 100 千克，可晒成干莲子 80 千克左右。

（五）种苗繁育

莲藕是睡莲科水生蔬菜，既能用莲藕等无性器官繁殖，又可用果实、种子等有性器官繁殖。前者后代种性比较稳定，但繁殖系数很低，长期使用容易引起种性退化，产量降低。而后者繁种量大，可以提纯复壮，但其后代变异较大，需经过多年系统选育才能稳定形成新的种群。

藕莲和籽莲选种一般均采用单株选（无性器官）的办法，主要根据品种特征特性来选，如苏州花藕不开花，慢荷开花少，因此种藕的选择应在当年植株生长旺盛期进行初选，淘汰变种藕，早熟品种去除开花株（化学灭杀），中晚熟品种去除开花过多、结籽率过高的植株。翌年 4 月，在藕莲育苗或定植时挖起留种藕，再次筛选，剔除畸形藕。一般选择藕身粗壮，藕段圆整，粗细一致，皮质光滑不糙，充分老熟的整支藕做种。留种子藕要"一顺儿"（子藕均朝一个方向），一般 1 亩花藕种藕可种 3 亩大田，1 亩慢荷可种 6 亩大田。

籽莲种株留种方法可参照藕莲，在植株生长旺期，选留具有品种特性、开花多、莲蓬多、籽粒多、饱满的植株。翌年挖种藕时选留粗细均匀，芽全、芽壮的种藕，淘汰过粗、过细的藕。生产上多用整支藕做种。

（六）主要病虫害防治

1. 病害

（1）**莲藕腐败病** 又称莲藕枯萎病、莲藕腐败枯萎病、莲藕根腐病。主要危害莲藕地下茎和根部。初期先从地下茎内部腐烂，早期茎节外表症状不明显，但将病茎横切检查，其内部维管束变淡褐色或褐色；后期茎节由里到外呈褐色或紫褐色全部腐烂。故发病轻者被称为黑心病，重者被称为烂藕。病株初期叶片逐渐从叶缘开始变淡褐色干枯，后整片叶卷曲成青枯状。叶柄顶端多呈弯曲状变褐色干枯。发病严重时全田一片枯黄，似火烧状，逐渐变黄枯死。从病茎抽出的花蕾瘦小，慢慢从花瓣尖缘干枯，最后整个花蕾枯死。挖出病株地下茎，有时可见藕节上生有蛛丝状白色菌丝体和粉红色黏性物，有的病藕表面呈现水渍状斑，褐色病斑外观呈沸水烫伤状。

病菌以菌丝体、厚垣孢子和分生孢子在病残体、种藕内和土中越冬。而带菌种藕和带菌土壤是该病发生流行最主要的因素。故用带病种藕做种或从病田内直接留种的田块发病都重，连作多年的藕田更重。凡土质黏重、土壤腐殖质含量高、酸性的田块发病重，如水稻田改种莲藕的田块易发生。高温季节施用未腐熟的有机肥，因其发酵引起藕田水温增高、水质污染，也会使病害加重。浅水藕田，因灌水不当，水温过高，也会诱发病害。从莲藕品种看，浅水藕比深水藕发病重。此外，食根金花虫猖獗危害田块，阴雨连绵、日照不足或暴风雨频繁都易诱发该病。该病一般在6月初开始发生，6月下旬至7月下旬进入高峰期，8月份后逐渐停止发病。

防治方法：① 实行 3 年以上水旱轮作，是防治该病的最佳方法。② 因地制宜选用抗病品种和在无病田块选留种藕。③ 采收莲藕后及时清除莲藕残体，冬季藕田放水浸泡，开春后及时换水。④ 施足腐熟有机肥，适时适量追肥，增施磷钾肥，避免偏施氮肥。对酸性较强的藕田可在种藕前每亩撒施生石灰 80 ~ 120 千克后再整地。水层管理应生长前期水层浅，中期高温水层深，后期适当放浅。⑤ 及时治虫及防止田间管理时损伤莲藕。⑥ 栽前进行藕田消毒。发病初期，发现病株及时拔除并用生石灰处理病株穴，再用药防治。

（2）莲藕褐斑病　又称莲叶斑病、莲藕黑斑病、莲藕褐纹病。主要危害莲藕叶片。初期在叶上产生针头大小的黄褐色小斑点，叶背面尤为明显，后逐渐扩大成 0.5 ~ 2.0 厘米的圆形或不规则形褐色或暗褐色病斑，叶背面呈褪绿色的黄斑。斑纹上有或无褐色轮纹，病斑边缘清晰，四周具细窄的褪色黄晕。严重时多个病斑扩大融合成大的焦枯病斑，除叶脉外，整个叶上布满病斑，致使半叶至全叶干枯。该病初始零星发病，后形成连片发病，远看藕田似火烧状（图 2-11）。

图 2-11　莲藕褐斑病

病菌以菌丝体和分生孢子梗在病残体或种藕上越冬。在田间一般6月下旬至7月中旬和8月下旬至9月上旬出现2个发病高峰期。带菌种藕和病残体是该病发生流行最主要的因素。阴雨连绵、日照不足或暴风雨频繁易诱发该病加速流行。尤其是7—9月高温、多暴风雨的年份病害常会流行。凡田块瘦薄、迟栽迟发、通风透光性差、莲藕生长衰落时或藕叶伤口多有利于病害发生。浅水灌溉或常断水的藕田，水温高于35℃易诱发病害。此外，蚜虫危害猖獗田块也易发病且重。

防治方法：①栽前藕田消毒。②发病初期及时用药防治。

（3）莲藕花叶病毒病　植株发病后矮化，叶片变细小，将病叶对照日光可见浓绿相间的斑驳。有的叶片局部褪黄，叶脉突起，叶畸形皱缩；有的病叶包卷不易展开。

病毒潜伏在种藕内或多年生宿根性杂草、菠菜、芹菜等寄主上越冬。通过植株间摩擦和蚜虫传毒。浅水田、缺肥田、管理粗放的田块发病重。

防治方法：①选用抗病高产品种。②加强田间管理，及时治蚜，同时拔除病株，以防扩散。③发病初期喷药防治。

（4）莲藕炭疽病　主要危害叶片。病斑多从叶缘开始，呈近圆形、半圆形至不规则形，略凹陷，红褐色，具轮纹，后期病斑上生许多小黑粒点。严重时病斑密布，叶片局部或全部枯死。茎上病斑近椭圆形，暗褐色，生很多小黑点，致使全株枯死。

以菌丝体和分生孢子座在病残体上越冬。高温多雨尤其暴风雨频繁的年份或季节易发病，连作地或藕株过密通透性差的田块发病重，偏施氮肥生长过旺易发病。

防治方法：① 及时收集病残体并深埋或烧掉。② 重病地实行轮作。③ 合理密植，巧施氮肥，增施磷钾肥。④ 发病初期喷药防治。

（5）莲藕烂叶病　又称莲藕斑枯病、莲藕叶点霉烂叶病、莲藕叶点霉斑枯病。主要发生在叶片上。初呈暗褐色水渍状不规则形斑，多从叶缘发生，有的受叶脉限制呈扇形大斑，后病斑中部红褐色，有时具轮纹，上密生小黑点（图2-12）。

图2-12　莲藕烂叶病

以分生孢子器在病残体上越冬。借雨水、风和食叶害虫传播侵染。7月中旬始发，8—9月高温、多暴风雨或多台风的年份发病重。植株长势弱的老叶易发病，浮叶受害程度重于立叶。偏施氮肥，长势茂盛郁蔽的田块发病重。

防治方法：① 种植鄂莲1号、鄂莲2号、鄂莲3号、扬藕1号等莲藕新品种。② 零星发病时，及时摘除病叶并带出田外处理，避免扩散危害。③ 提倡施用酵素菌沤制的堆肥。④ 发病初期喷药防治。

2. 虫害

（1）莲缢管蚜　［无翅胎生雌蚜］体长2.5毫米。卵圆形，褐色至褐绿色或深褐色，被薄蜡粉。胸腹背面具小圆圈联成的网纹。腹管长筒形，中部和顶部缢缩，端部膨大。尾片具4～5根长曲毛。［有翅胎生雌蚜］体长2.3毫米。长卵形，头、胸部黑色，腹部褐绿色或深褐色。腹管长筒形。尾片锥形，具毛5根（图2-13）。

图2-13　莲缢管蚜

莲缢管蚜有趋绿性、趋嫩性，喜偏湿环境。在全国各地都有分布，在江苏1年可发生25～30代。冬季以卵在桃、李、杏、梅、樱桃等核果类树枝条叶芽、树皮下越冬。4月下旬至5月上旬产生有翅蚜迁移，出现第1次迁飞高峰，迁入莲藕、慈姑、菱等水生蔬菜和其他水生植物上繁殖危害20～25代。5月下旬至6月中旬在水生蔬菜上出现第1次持续危害高峰期。8月下旬至9月上中旬在水生蔬菜上出现第2次持续危害高峰期，此时蚜量大，受害重，是防治的关键期。于10月中下旬在夏寄主（莲藕、慈姑、菱、芡实、莼菜、水芹、水芋、水浮莲等）上产生有翅蚜，陆续回迁至冬寄主（桃、李、杏、樱桃等核果树）上。长期积水、生长茂密的田块发生重，在莲藕、慈姑、绿萍等春、夏茬混栽区，早春蚜虫发生早、数量多，危害重。大雨对该虫有冲刷致死作用。

防治方法：① 水生蔬菜如莲藕、慈姑、芡实、水芹等在有条件的地方最好单独成片种植，避免插花种植或春夏茬混栽。② 选择远离冬寄主的果树区种植水生蔬菜。在早春时对水生蔬菜田块附近的冬寄主果树要及时主动防治蚜虫。③ 合理控制种植密度，及时调节田间水层，看长势掌握施氮肥量，适当多施磷钾肥。④ 及时清除田间绿萍、浮萍、眼子菜等水生杂草。⑤ 在莲缢管蚜初发时期，即有蚜株率达 20%，每株蚜量在 200～300 头时可进行施药防治。

（2）莲藕潜叶摇蚊　别名莲窄摇蚊。［成虫］体长 8～9 毫米。淡绿色，腹部末端淡褐色。中胸特发达，背板前部隆起，呈驼背状，后部两翼各具 1 个黑褐色梭形条斑，小盾片上有倒"八"字形黑斑。前翅最宽处有黑斑，外缘黑斑不规则。触角羽毛状，14 节。足纤长，前足是体长的 2 倍多。［卵］长椭圆形，乳黄色，数十至百粒聚集成卵囊。［幼虫］体长 11～14 毫米，淡黄绿色。头褐色，口器黑色，头部有一部分缩在前翅内，侧面观呈三角形。［蛹］体长 4～6 毫米，翠绿色。头胸特发达，翅芽明显，腹部各节逐渐细小。蛹前端、尾部具短细白绒毛，前足明显游离蛹体蜷缩在胸、腹前（图 2-14）。

图 2-14　莲藕潜叶摇蚊

成虫不直接危害莲藕，产卵在莲浮叶边缘水中。幼虫主要潜食莲叶肉，该虫不能离水，故对立叶无害，只危害莲藕的浮叶和实生苗叶。成虫飞翔速度较慢，有趋光性，白天栖息不动。全年发生 6～7 代。1 年中成虫在 4—5 月、9—10 月有 2 个盛发期。幼虫危害期较长，从 4 月一直持续危害至 10 月，一般 4—5 月起危害逐渐加重，7—8 月危害最严重，10 月中下旬后停止危害。10月下旬，莲叶枯萎时大部分以幼虫随叶片枯萎而沉入水底越冬。凡偏施氮肥，莲藕生长过旺、嫩绿，危害程度就重。

防治方法：① 人工及时摘除有虫道的浮叶，并埋入田间土中深层，或带出田间集中烧毁或深埋。② 在上年发生严重的田块要考虑水旱轮作。发生较轻的田块在清除莲藕残叶后，排干田间积水，撒药，并适当翻耕，杀灭越冬幼虫。③ 避免从有该虫发生的地区引种，或引种后彻底洗清种苗上的污泥和其他杂物，并喷药，再盖上塑料薄膜，闷 2～3 小时后再播种。

（3）斜纹夜蛾　别名莲纹夜蛾、莲纹夜盗蛾。［成虫］体长 14～30 毫米。头、胸、腹均为深褐色。前翅灰褐色，表面多斑纹，内横线及外横线灰白色，呈波浪形，中间有白色条纹，环状纹不明显，肾状纹前部呈白色，后部黑色；在环状纹与肾状纹间，由前缘向后缘外方有 3 条白色斜纹。［卵］扁半球形，表面有网纹。卵粒集结成 3～4 层卵块，外覆盖灰黄色绒毛。［幼虫］老熟时体长 35～47 毫米。头部黑褐色，胴部体色因寄主和虫口密度不同而异，有土黄色、青黄色、灰褐色或暗绿色等。背线、亚背线及气门下线均为灰黄色或橙黄色。从中胸至第 9 腹节在亚背线内侧有近似三角形的黑斑 1 对，其中第 1、第 7、

图 2-15　斜纹夜蛾（幼虫）

第 8 腹节的黑斑最大（图 2-15）。［蛹］体长 15～20 毫米，赭红色。腹部背面第 4～7 节近前缘处各有一个小刻点。臀棘短，有 1 对强大而弯曲的刺，刺的基部分开。

　　成虫昼伏夜出，飞翔力强，有趋光性，特别对黑光灯有强烈的趋性，对糖、醋、酒及发酵的胡萝卜、豆饼、麦芽、牛粪等有趋性。卵多产在叶背面叶脉分叉处。幼虫有假死性，初孵幼虫群集于叶背啃食叶肉，仅留叶脉，似纱窗网，大龄后分散危害，蚕食莲叶成缺刻。在长江流域全年发生 5～6 代，一般 6 月中下旬莲藕田出现危害，7—9 月是危害盛期。南方全年可发生，无越冬现象。

　　防治方法：① 掌握产卵期及初孵幼虫集中取食习性，结合田间管理，人工摘除卵块及初孵幼虫危害的莲叶，包叠成团，塞入泥内闷死。② 用杨树枝、黑光灯、糖醋酒、性诱剂等诱杀成虫。③ 掌握初龄幼虫点片发生阶段施药，并应在傍晚前后防治。

　　（4）食根金花虫　别名长腿水叶甲、稻食根虫、食根蛆。［成虫］体长 6～9 毫米。绿褐色，有金属光泽的小甲虫。腹部有厚密的银白色毛。触角第 1 节很膨大。前胸背板近似四方形，表面较光洁，具粗细不一的横皱纹，铜绿色或全绿色。鞘翅有刻点和平行纵沟，带绿色光泽。后足腿节端部有一齿状刺。［卵］长椭圆形，稍扁平，表面光滑。卵常 20～30 粒排成卵块状，卵块上覆盖有白色透明的胶状物。［幼虫］体长 9 ~ 10 毫米。白色蛆状，头小，胸腹部肥大，稍弯曲，呈纺锤形。胸足 3 对，无腹足，尾端有 1 对褐色爪状尾钩（图 2-16）。［蛹］

图 2-16　食根金花虫（幼虫）

体长约 8 毫米。白色，外有红褐色的胶质薄茧。

　　成虫多停息于莲叶上，行动活泼，稍受惊动就沿水面作短距离飞翔，或潜水逃逸，并具有假死性。喜食眼子菜和莲叶。卵多产在眼子菜、莲叶上，少数产在鸭舌草、长叶泽泻等水生杂草上。幼虫危害莲藕的茎节和不定根，并使病菌极易侵入莲藕引起腐烂。成虫和初孵幼虫还能啃食莲叶。在全国大部分发生地区 1 年 1 代，少数北方地区 2 年 1 代。幼虫在莲藕根际和藕节间或有水的土下 15 ~ 30 厘米处越冬。翌年 4 月下旬至 5 月上旬越冬幼虫开始活动危害，5—6 月与 8—9 月是主要危害期，10 月开始进入越冬。由于幼虫能在水中长期存活，所以常年积水和排水不良的低洼田、老沤地、池塘、湖荡中的莲藕有利于它的发生，危害重，一般浅水田莲藕则较少发生。眼子菜多的藕塘田，虫量多，受害重。

　　防治方法：① 莲藕食根金花虫发生重的田块改种 1 ~ 2 年旱生作物，或在冬季排除田间积水，搁田晒塘可有效控制幼虫发生。② 及时清除藕田杂草，尤其是眼子菜和鸭舌草，减少成虫取食及产卵场所。③ 在 4 月中旬至 5 月上旬莲藕未发芽前，排除田间积水，每亩施石灰 50 千克，以中和土壤中的酸性，既能预防病害，又能防治越冬代幼虫。也可每亩施 15 ~ 20 千克的茶籽饼粉，并适当耕翻。④ 成虫盛发期可用眼子菜等诱集成虫，产卵后集中烧毁或深埋。⑤ 在幼虫危害初期，可对田间莲藕进行根区土层撒药。傍晚时在放干水的藕田中撒施，第二天再灌水 3 厘米深，3 天后恢复正常水浆管理。

（七）莲藕优质轻简高效栽培技术

针对我国莲藕栽培管理粗放、机械化应用率低、用工多、生产成本高等问题，集成缓释肥一次性追肥等精准肥水管理、机械化施肥和采收、病虫害绿色防控等轻简高效栽培技术，大幅度减少了用工成本和化肥、农药用量。现代莲藕优质轻简高效栽培技术中更新的技术重点在施肥和机械化采收方面。

1. 施肥

为减少追肥用工，提高追肥效率，栽培莲藕的无水层或浅水田块可用无人机进行追肥。针对莲藕栽培地块为浅水圩荡且有一定深度的水层时，扬州大学水生蔬菜研究团队研发了船式气压施肥机及配套追肥技术；同时，采用缓释肥可减少追肥用量 30%以上，满足了莲藕生长中后期对肥料的需求，提高了莲藕产量和品质，莲藕商品率提高 10 个百分点以上，且减少了肥料流失，解决了传统施肥技术追肥利用率低、莲藕生长中后期需肥但施肥困难等生产难题；利用无人机或船式气压施肥机一次性追施缓释肥，可以减少施肥用工 60% 以上。

2. 机械化采收

目前莲藕采收主要有人工采收、高压水枪辅助采收、莲藕采收机（俗称挖藕机）采收 3 种方式。人工采收费时费力、效率低，1 个壮实劳动力每天最多采收 5 ～ 6 小时，采收 200 ～ 250 千克，且人工采收对莲藕有较大的损伤；高压水枪辅助采收系统的应用在一定程度上提高了采收效率，平均 1 个劳动力每天可采收 5 ～ 6 小时，采收 450 千克左右，但仍需人工手持水枪冲挖，劳动强度仍然较大；采用船式挖藕机每天可采收 8 ～ 10 小时，采收 800 千克左右，采收效率较人工采收和高压水枪辅助采收系统采收提高 180% ～ 320%，减少采收用工 44.4% ～ 68.8%，大幅度减轻了劳动强度。但因莲藕田的土壤结构、不同品种莲藕的入土深度、不同田块的水层深度千差万别，大多数莲藕采收机的采收效果尚不稳定，加上莲藕采收机的成本相对较高等因素，限制了莲藕采收机的普遍推广应用，采收机的相关采收参数和性能也需进一步完善和提高。高压水枪辅助采收因成本相对较低、采收过程可控、效率高于人工采收等优势，成为目前莲藕采收的主要方式。

三、荸荠

（一）栽培价值

荸荠［*Eleocharis tuberosa* (Roxb) Roem.ex Schult.］又名马蹄、地栗等，是莎草科荸荠属多年生草本水生蔬菜。

荸荠在我国栽培面积约有 75 万亩，年产 100 万吨左右，主要供应国内市场，可作为水果生食或炒食。有少量加工成整形罐头或速冻马蹄片等出口，亦有加工成淀粉销售。由于荸荠可以在泥中越冬，随吃随挖，同时亦较耐贮运，对市场淡季供应起了调节作用。我国荸荠优良品种有广西壮族自治区的桂林马蹄、湖北省的孝感荸荠等，近年来广西壮族自治区农业科学院、扬州大学和湖北省武汉市蔬菜研究所等科研院所通过组织培养，已经选育出了多个高产、优质新品种。

据《中国传统蔬菜图谱》介绍，100 克荸荠鲜样可食部分中含蛋白质 1.5 克、脂肪 0.1 克、碳水化合物 21.8 克、粗纤维 0.6 克、维生素 C 3.0 毫克、维生素 B_1 0.04 毫克、维生素 B_2 0.02 毫克、胡萝卜素 0.01 毫克、烟酸 0.4 毫克、钾 523.0 毫克、钠 190.0 毫克、钙 5.0 毫克、镁 16.0 毫克、磷 68.0 毫克、铁 0.5 毫克、热量 392 千焦耳。

荸荠味甘，性微寒，滑无毒，其主要药用成分为荸荠英，能抗菌、消渴，除胸实热气；作粉食，具有厚肠胃，除膈气，消宿食，消黄疸，止血痢血崩，辟蛊毒，消误吞铜铁，醒酒解毒等功效。但脾胃虚寒及血虚者应少食用。荸荠苗俗称通天草，味苦性平，有利尿通淋之功效。

（二）生物学特性

1. 形态特征

（1）根　荸荠为须根系，发生于短缩肉质茎基部，细长，白色，后转为褐色，无根毛，入土深20～30厘米。

（2）茎　荸荠的茎有肉质茎、叶状茎、匍匐茎和球茎4种。荸荠的产品是球茎，同时又是繁殖器官。球茎有8节组成，基部5节为膨大的扁圆肉质球茎，节上环生鳞片叶。上部5节各有一顶芽，其中顶部3节鳞片叶将芽包成鸟喙或尖嘴状。一般顶芽萌发为发芽茎，顶芽受损时，侧芽亦可萌发为发芽茎。发芽茎顶端形成短缩茎，并伸出土面。由短缩肉质茎上的侧芽萌发，向地上抽出管状茎，向下生不定根。管状茎初期为淡橙色，见光后转绿色，代替叶片进行光合作用，故又称为叶状茎。叶状茎细长，中空，有白色横隔膜，直立；高60～100厘米，横径0.6厘米。随着植株生长，叶状茎不断伸长，茎根部不断分蘖，形成母株丛。侧芽向土中横向抽出匍匐茎，长3～4节后，顶端肉质茎向上再抽出1丛叶状茎，茎基部并生有新根，形成分株。分株又以与母株相同方法发生分蘖和分株，形成新的株丛。如此不断分蘖和分株，每株可形成分蘖30～40个，分株2～5次。分株上的叶状茎数视栽种早晚及生长期长短而异，一般有10～20个，匍匐茎第1～2次生长，长10～12厘米；第3～4次生长，长

15～20厘米。生长后期，新株老熟，匍匐茎不再上行，其顶端向下斜生入土10～20厘米，积累养分，膨大成扁圆球茎。幼嫩球茎乳白色，随着嫩茎变老，色泽加深呈红色、栗色或黑色。

（3）叶　叶片着生于叶状茎基部，环生，并退化呈膜状，形成叶鞘，不含叶绿素，包被主侧芽。

（4）花　生长后期，在结荠的同时，地上部顶芽可抽出形如叶状茎的花茎，顶端着生穗状花序。小花呈螺旋状贴生，外包有萼片，内有雌蕊1个，子房上位，柱头3裂，雄蕊3个。

（5）果实和种子　每个小花结果实1个，果实近圆球形，小，果皮革质，灰褐色，内有种子1粒，不易发芽。

2. 生长发育过程

荸荠的生长发育可分为萌芽期、分蘖分枝期、球茎膨大期、开花结实期和越冬休眠期等5个时期。

（1）**萌芽期（4月上旬至6月上旬）**　春季旬均气温达13℃以上时，球茎开始萌动，抽生发芽茎，发芽茎上长出短缩茎。其向上抽生叶状茎，高10～15厘米；向下生长须根，形成新苗。

（2）**分蘖分株期（6月中旬至8月下旬）**　此时旬均气温达24～29℃，幼苗开始不断分蘖，形成母株。母株侧芽向四周抽生匍匐茎3～4根，当匍匐茎长至10～15厘米长时，其顶芽萌生叶状茎，形成分株。分蘖分株期的长短因栽培方式不同而异，早栽荸荠分蘖、分株多，生成群体大，而晚栽荸荠分蘖、分株少，生成群体亦小。在生产上则需密植，以提高产量。

（3）**球茎膨大期（9月上旬至11月上旬）**　当旬均气温由

25℃逐渐降至15℃时，此时日照变短，分蘖、分株停止，而植株地下匍匐茎先端开始膨大形成球茎。以后随气温不断下降，叶状茎先由绿色转为深绿，后转为枯黄，球茎则由小到大，逐渐充实，皮色由白转红，直至黑红色，即充分成熟。

（4）**开花结实期（9月上旬至11月上旬）** 在荸荠球茎膨大的同时，荸荠开始抽生似叶状茎的花茎，顶端着生穗状花序，但大多不能正常结实。

（5）**越冬休眠期（11月上旬至翌年3月下旬）** 当气温由15℃逐渐降至3℃时，荸荠植株地上部逐步停止生长，养分转入贮藏器官球茎内，并进入休眠期，直至地上部完全枯死，植株的成熟球茎在土中越冬。

3. 对环境条件的要求

（1）**温度** 土中越冬球茎在气温5℃时顶芽开始萌动。至13℃时，球茎开始萌芽。当旬均气温在30℃以下、25℃以上时，植株进入营养生长旺盛期。旬均气温在15 ~ 25℃时，最有利于球茎形成。低于15℃球茎进入养分积累转化期，并可挖收。旬均气温在5℃以下时，地上部枯死，植株依靠地下球茎越冬。

（2）**水分** 荸荠对水分的要求由浅到深。前期浅水有利于提高土温，促进植株分蘖、分株。以后随着气温升高，植株蒸腾量加大，应逐渐加大水量。植株进入结球期，应保持较深水位，以抑制无效分蘖的形成，促进早结球，结大球，多结球。

（3）**土壤** 为了有利于地下球茎的生长和采收，荸荠栽培土壤要求有机质含量高，松软、肥沃，以中性至微酸性为好，土层深20 ~ 30厘米。荸荠对土壤养分的要求一般是前期以氮肥为主，以促进植株分蘖、分株和叶状茎生长，但也不宜过多施用氮肥，防止植株徒长后倒伏；后期多施磷肥、钾肥，以促进球茎生长和膨大。

（4）光照　荸荠根系不发达，尤其在球茎萌芽期和幼苗生长期，要注意适当遮阴，防止暴晒，造成失水枯萎。以后转入分蘖分株期则需要较强的光照以制造养分，保持叶状茎挺立和匍匐茎生长。荸荠结球期需要短光照和适宜的日夜温差，有利于结球和球茎的膨大。

（三）主要品种

1. 桂蹄 2 号

广西壮族自治区农业科学院生物技术研究所育成。生育期130 ~ 140 天。株高约 105 厘米，具有较强的分蘖力。球茎个大、均匀，扁圆形，脐微凹，横径 3.5 ~ 5.5 厘米，纵径 2.3 ~ 3.0 厘米，果型好，大小均匀，大果率高，皮稍厚，红褐色，耐贮运。适应性和抗病性较强。一般亩产 2 500 ~ 3 500 千克，高产者可达 4 000 千克。

2. 桂蹄 3 号

适用于鲜食、熟食及加工。株高 90 ~ 110 厘米。花穗长3.1 ~ 4.8 厘米。叶状茎深绿色，直径 0.5 ~ 0.6 厘米；匍匐茎直径 0.4 ~ 0.7 厘米，单株匍匐茎 4 ~ 7 条。球茎大，近圆形，脐平，横径 3.5 ~ 5.9 厘米，纵径 2.5 ~ 3.0 厘米，平均单球茎重 26克，最大单球茎重 50 克以上，芽粗，红棕色。抗病性较好，不易感秆枯病。品质经农业农村部亚热带果品蔬菜质量监督检验测试中心测定，干物质含量 13.4%，淀粉含量 8.8%，可溶性总糖含量 6.46%。亩产 2 600 ~ 3 000 千克（图 3-1）。

图 3-1　桂蹄 3 号

3. 桂粉蹄 1 号

广西壮族自治区农业科学院生物技术研究所育成。生育期 135 天。株高约 100 厘米。球茎圆整，大小均匀，横径 3 厘米，纵径 2 厘米，芽尖直，脐平微凸，宜加工成淀粉和熟食。分蘖力强，抗病性好，淀粉含量高（12%）。亩产 1 800 ~ 2 000 千克。

4. 鄂荠 2 号

湖北省武汉市蔬菜科学研究所育成。株高约 110 厘米。球茎平均纵径 2.5 厘米，横径 4.5 厘米，单只球茎重 32 克左右，皮红褐色，生食脆甜，可溶性糖含量 6.22%。亩产 1 800 千克左右。

5. 红宝石荸荠

扬州大学育成。中晚熟，生长势强，株高 118 厘米。脐平。分蘖力强，抗倒伏、抗秆枯病，抗逆性强，加工利用率高，可溶

性总糖含量 6.8％，口感甜，品质佳。亩产 2 100 千克左右。

（四）栽培技术

1. 适时栽培

荸荠全生长期 210 ～ 240 天。长江流域多在 4 月上旬至 7 月上旬育苗，5 月下旬至 8 月上旬移栽大田，其中 4 月开始催芽者称为"早水"荸荠，5 月初开始催芽的称为"伏水"荸荠，7 月开始催芽的称为"晚水"荸荠。但为避开梅雨，提倡球茎于 6 月下旬至 7 月上旬育苗，7 月上旬至 7 月下旬移栽。

2. 精选良种

根据荸荠茬口不同可选用早熟品种或晚熟品种。生长期短用早熟种，生长期长可用晚熟种。如麦茬荸荠选用大果型种，可栽球茎苗或分株苗；早稻茬荸荠选用小果型种，以球茎育苗移栽；加工罐头应选平脐品种，便于削皮、去蒂，如桂蹄 2 号等；加工荸荠粉则选用淀粉含量高的桂粉蹄 1 号等；种荠应选无病虫害、顶芽粗壮的老熟球茎。

3. 培育壮苗

荸荠育苗移栽分为利用早栽球茎的分株苗移栽和球茎催芽育苗直接移栽 2 种。

（1）**利用早栽球茎的分株苗移栽**　一般于 4 月上旬至下旬育苗。当时正值气温较低，出苗慢，应在栽植前 40 ～ 50 天催芽育苗。种荠于 3 月下旬从田里挖出，选择无病虫、不腐烂的球茎做种荠，于室内进行催芽。室内催芽是先用席围好一圈，内铺湿稻草，将种荠顶向上排列，交叉叠放两层，上用稻草覆盖，每天浇水保湿。15 天后开始发芽生长，45 天左右，顶芽长 15 厘米并有 3 ~ 4 个侧芽萌发即可定植。或者将已催好芽的种荸先排在秧田里，株距和行距分别为 15 ~ 20 厘米和 20 ~ 25 厘米，栽植深度以将根系栽入泥中为度，以促进匍匐茎生长和分枝形成，在适宜季节或前茬出地后挖取分株苗定植。一般每亩秧田可供栽大田 20 亩，每亩大田需用种荸 15 ~ 20 千克。

（2）球茎催芽育苗直接移栽　一般于 6 月下旬至 7 月上旬育苗，这时气温高，催芽育苗 25 ~ 30 天即可定植。种荸于 3 月下旬从田里挖出并进行堆藏或窖藏，到 6 月下旬取出时大部分种荸已萌芽并干瘪，因此要先将顶芽摘去 0.5 厘米左右以促侧芽萌发，然后浸种 1 ~ 2 天，待种荸浸胖、发芽后播于秧田。秧田应选择排灌方便、床面平整、泥烂的田块，宽 1.3 米左右。床底应先铺 0.5 ~ 1.0 厘米厚的砻糠灰或河泥；然后将已发芽的种荸一个靠一个依次排列并埋入其中，排好后晾晒半天，使土表干燥结皮；最后再浇河泥浆，将露出的种荸盖没。上铺稻草遮阴，有条件者可搭凉棚遮阴。早晚揭帘炼苗。10 ~ 15 天后，当叶状茎长到 10 厘米，并已萌发新根时，不再遮阴。叶状茎长到 30 厘米左右时定植大田，每亩大田需用种荸 75 ~ 100 千克。

4. 大田栽植

栽种荸荠大田需事先耕耙，施基肥。早水荸荠因生长期长，应于 5 月中下旬整地施肥，一般亩施腐熟有机肥 1 500 千克左右。晚水荸荠因生长期短，应增施速效肥（氮磷钾三元复合肥）每亩 15 ~ 20 千克。

长江流域早水荸荠在 6 月下旬前定植，伏水荸荠在 7 月上中

旬定植，晚水荸荠在 7 月下旬至 8 月初定植。

早水荸荠栽植时，因秧苗已有很多分蘖和分株，应将母株和分株一起挖出，并将分蘖分株一一拆开，再将根系整理后栽插，入土深 12 ~ 15 厘米。晚水荸荠因秧苗生长期短，无分株形成，可将球茎苗小心挖出，洗净泥水后定植。栽植深度以球茎入土 10 厘米左右为宜。一般田肥、淤泥厚时适当深栽，生长期长的适当深栽，反之应浅栽。栽时应将过高苗割去梢头，留叶状茎 30 厘米，以防被风吹断、吹倒。栽植密度与栽植时期、土壤肥力和品种有关。早栽田、麦茬田、肥田和分蘖力强的品种稀栽，行距 100 厘米，株距 100 厘米，亩栽 666 棵。晚栽田、瘦田、分蘖力差的品种要密栽，一般行距 70 厘米，株距 45 厘米，亩栽 2 000 株左右。

5. 田间管理

（1）查苗补缺　荸荠移栽后发现有枯黄死苗和根浅浮苗者要及时补栽，有叶状茎细弱者或丛生者（俗称雄荸荠）也要拔除补栽，以保苗全苗壮。

（2）及时追肥　荸荠从栽植到结球期间可分株 3 ~ 4 次，耘田、除草应在第 1 ~ 2 次分株期间进行，除草后应及时追肥。早荸荠生长期长，在营养生长期不宜施用化肥，以防茎叶徒长，感染病害。晚荸荠生长期短，应掌握"前期促长、中期稳长、后期防早衰"原则，一般在除草后视苗情追肥 1 ~ 2 次，每次每亩施尿素 10 千克，促进植株分蘖。8 月下旬至 9 月上旬植株封行前再追施氮磷钾三元复合肥 10 ~ 15 千克，9 月中下旬结球始期再施氮磷钾三元复合肥 15 千克和硫酸钾 10 千克，以促植株健壮和结球。植株封行后应避免下田，防止踏断地下茎。

（3）水分管理　荸荠田（图3-2）的水分管理，从栽植到结荠，随其分蘖增多、植株增高，灌水应由浅到深。早水荸荠、伏水荸荠栽植后，田间灌薄层浅水，在分蘖、分株期增至2～3厘米。封行后干、湿交替，以抑制其分株，促进匍匐茎结荠。至球茎膨大期加深水层至5～6厘米，使球茎增大、增重。10月底田间水位逐渐落干，保持田土湿润，并防土壤裂缝。晚水荸荠生长期短，要促早分蘖、早分株，生长期不能断水和搁田，否则结荠小，产量低。另外，每次田间操作和施肥均应将田水放浅，操作后再灌水到原有深度。

图3-2　荸荠田间植株

6. 适时收获

荸荠球茎成熟、地上茎枯死后，即可采收，但也可留存土中直至次年春季，随需随收。早期采收的球茎，质嫩但不甜，皮色尚未全转红，皮薄而不能贮藏。12月下旬以后荸荠老熟，球茎转成深红色，含糖量增加，味甜，此期适宜荸荠采收加工和销售。

越冬后的球茎皮色转成黑褐色，亦变厚变老，品质下降。制作淀粉的荸荠可于 11 月上旬采收，淀粉含量高。

　　荸荠采收前一天要排水，并保持土壤烂软，苏州地区多用手挖，但亦可用钉耙，沙土地可用机械采收。一般亩产早水荸荠 2 000 千克左右，伏水荸荠 2 000 ～ 3 000 千克，晚水荸荠 1 000 ～ 1 500 千克。

（五）种苗繁育

　　荸荠的选种留种应抓好以下几个关键措施：

　　一是留种田块需选生长健康、无病虫害的丰产田块，种荠留在大田里越冬，并保持土壤湿润。

　　二是翌年 4 月上旬采收种荠，随挖随选。一般应选具有品种特征特性、形状整齐、果型中等、无伤疤裂缝的球茎。早水荸荠可立即将种荠催芽播种，伏水荸荠则利用早播荸荠的分蘖分株苗移栽或用贮藏种荠育苗，晚水荸荠需将种荠贮藏。

　　三是荸荠采收后堆放在室内泥地上晾干，待种荠上泥土发白后堆起，高度 0.5 米左右，宽度 1 米左右，呈馒头形，上盖稻草，四周用泥糊好（顶端留口不糊）。贮藏中发现四周泥浆干裂，应及时补浆，也可在泥堆上加盖稻草，防止种荠干瘪。晚水荸荠于 7 月上中旬育苗，此时开堆选芽，以健壮完好的壮芽留种，淘汰弱芽、瘦芽、病残芽和早发芽。播种前将选出的种荠浸泡 1 ～ 2 天，剔除漂起的荸荠，保留下沉者做种。同时剪去种荠正头芽，保留侧芽，再行育苗。

荸荠栽培因长期采用无性繁殖，易造成种性退化，同时种茎带毒带菌现象也很严重，致使产量低且不稳。生产上常会出现植株矮化丛生的所谓雄荸荠，通过组织培养的方法在一定程度上可保持种性，减少种球带毒带菌，使田间发病率降低，提高产量和改善品质。

（六）主要病虫害防治

1. 病害

（1）荸荠秆枯病　主要危害荸荠的叶鞘、茎、花器等部位。叶鞘受侵害初期，在基部呈现暗绿色不规则形水渍状病斑，以后很快扩展到整个叶鞘，其病部在后期干燥后变成灰白色，并在上面着生有黑色小点或长短不一的黑色线条点。茎秆感病后，初期也呈现水渍状椭圆形、梭形或不定形黑绿色病斑，后期在其病斑上面也会着生小黑点或黑色短线条点，湿度大时，病斑上会产生浅灰色霉层，受害严重时，病斑成条状。此时病茎组织会变得很软，病部凹陷，全株枯死，极易造成茎秆倒伏。花器上染病，多发生在鳞片或穗颈部，致使花器黄枯，湿度大时病部可产生灰白色霉层（图3-3）。

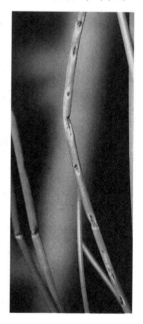

图 3-3　荸荠秆枯病

病菌以菌丝体和分生孢子盘形态在遗落土中的病株残体或球茎上越冬。早栽的荸荠在8月初始发病，8—9月是发病盛期；晚栽的荸荠在8月底至9月初发病，特别是白露后如遇连续大雾天气，在烈日的蒸熏下，可成片蔓延发病。气温在17～29℃时，遇连阴雨或浓雾、重露的天气利于发病。此外，荸荠种植过密，封行过早，造成田间通风透光性差，或荸荠生长前期施用氮肥过多，磷钾肥缺乏，植株徒长柔弱等都会加重病情。

防治方法：① 选用抗病品种，如红宝石荸荠、桂蹄2号等，并注意选用无病球茎留种。② 实行3年以上轮作。③ 做到灌排水分开，避免串灌或漫灌。及时拔除田间病株并带出田外烧毁。适当增施钾肥。收获后及时将田间病残体集中烧毁。④ 在育苗之前，进行种球茎消毒。或在定植时，将荠苗放在消毒药液中齐腰浸泡，经3～5小时后再种植到大田里。⑤ 在荸荠苗封行前用药预防。发病初期喷药防治。尤其在暴雨来临前要防治，雨后要及时补施药剂。

（2）**荸荠茎腐病** 发病部位主要在叶茎的中下部，病部初呈暗灰色，后变为暗色不规则病斑，病健分界不明显，病茎略细且短，组织变软易折倒。湿度大时，病部可产生暗色稀疏霉层。

以菌丝体在病残体上越冬。9月上旬即进入发病盛期，此间气温适宜，台风暴雨频繁，茎秆上易出现伤口，雨水有利于病害传播和蔓延，10月后病情缓慢或停滞下来。土质瘠薄，土层浅或缺肥，地势低洼，灌水过深易发病。

防治方法：① 与旱生作物和莲藕、茭白等水生作物轮作。② 育苗前用药浸泡种荠，或在定植前将荠苗浸泡消毒。③ 做到灌排水分开，防止串灌、漫灌，以防止病菌扩散。④ 提倡施用经酵素菌沤制的堆肥。⑤ 发现病株即喷药防治。

（3）荸荠枯萎病　俗称荸荠瘟、荸荠基腐病、死兜，是一种毁灭性病害。荸荠从播种至收获皆可受害，尤以成株期受害重。苗期或成株期茎基部染病，初期变黑褐色腐烂，逐渐向上发展坏死，植株生长衰弱、矮化、变黄，似缺肥状，以后从一丛中的少数分蘖开始发黄枯萎，故又称半边枯，最后整丛全株枯死。根及茎部染病，变黑褐色软腐，植株枯死或倒伏，局部可见粉红色黏稠物。球茎染病，荸荠肉变黑褐色腐烂，球茎表面亦可产生少许粉红色霉层。

以菌丝潜伏在荸荠球茎上或土壤中越冬。田间发病后病菌通过灌溉和雨水传播，使病害扩展蔓延。温度是影响该病发生蔓延的重要因素，生长适宜温度在 20 ~ 32 ℃。6月初秧田期始见发病株，7—8月气温高，病害发展较慢，9月气温逐渐下降，病害呈暴发性发展，几天内就会成片枯死，9月下旬至10月中旬为发病高峰期，10月中旬后病害逐渐停止发展。荸荠生长期偏施氮肥，种植过密，通透性差，长期灌深水或过度晒田易诱发该病害。

防治方法：① 对重点发病地区采取隔离措施，严禁带病球茎或种荠向外调运。② 对带病种球进行消毒，方法参见荸荠茎腐病。③ 大田翻耕整田时，施生石灰沤田，5 ~ 7天后再消毒。④ 发病初期用药防治。施药时田间应保持3 ~ 5厘米浅水层，以提高防治效果。

2. 虫害

（1）荸荠白禾螟　别名纹白螟、白螟、钻心虫。［成虫］翅展雄虫 23 ～ 26 毫米，雌虫 40 ～ 42 毫米，全身白色；仅雌蛾腹部末端丛毛棕褐色，雄蛾后翅反面呈暗褐色。［卵］近圆形，乳白色至褐色。数十至数百粒堆积成块，呈长馒头状，表面覆盖褐色鳞毛。［幼虫］老熟时体长 15 ～ 25 毫米，黄白色至灰褐色。［蛹］为裸蛹，长 13.0 ～ 15.5 毫米。初乳白色，后逐渐变为黄褐色，复眼褐色。

成虫不危害荸荠植株，趋光性弱，不善于飞翔，昼夜均停留在荸荠茎秆上作休息状（图 3-4），遇惊扰只作极短距离飞翔。具有趋绿产卵习性，喜产卵在距茎尖 2 ～ 10 厘米的茎秆上。初孵幼虫具有群集性，2 ～ 3 龄后开始转株危害。幼虫善爬行并能吐丝随风飘落，在荸荠茎秆基部蛀孔或钻蛀形成小虫道，使茎内壁与横隔膜被蛀空，仅留外表皮，且粪便污染严重。在南方地区 1 年可发生 4 ～ 5 代，长江中下游地区在荸荠上发生不完整的 4 代。以幼虫在荸荠茎秆、残茬内靠基部处吐丝结薄茧滞育越冬，翌年 4—5 月羽化为成虫，第 1 代发生危害在 6 月上旬至 7 月中旬，第 2 代发生危害在 7 月中下旬

图 3-4　荸荠白禾螟

至8月中旬，第3代发生危害在8月上旬至9月中旬，第4代是不完全代，9月中旬至次年6月上中旬，实际上在当年10月中旬后就进入越冬期。第2、第3代成虫产卵在荸荠种苗田和大田，发生量大，危害最重，为主要危害世代，也是防治重点。凡早栽荸荠施肥多，植株生长嫩绿，田块受害期长且重。

防治方法：① 荸荠收获后及时清除田间的荸荠残株枯茎，集中烧毁或沤肥。翌春时，在越冬蛹羽化前铲除荸荠田间遗留的球茎实生苗和杂草。② 因地制宜调节种植期，在7月中下旬栽种，可避过第2代危害和减少第3代虫口数量。③ 施足腐熟有机肥做基肥，有针对性地增施磷钾肥，避免荸荠茎秆过于嫩绿贪青而加重危害。④ 荸荠种苗田，由于面积较小，茎秆上的卵块较易识别，可进行人工集中摘除卵块。⑤ 在各代化蛹高峰期灌深水可杀灭部分虫蛹。⑥ 在低龄幼虫未钻蛀危害之前施药，搞好秧田的苗期防治工作，主攻大田第2代，压制第3代。在7月中旬至8月中旬，掌握第2、第3代孵化高峰前2~3天施药。施药时田间最好保持一定的水层。

（2）尖翅小卷叶蛾　［成虫］体长5.5毫米。前翅灰褐色，有褐色不明显斑块，翅中部及顶角下方各有一块楔块斑，前缘有许多白色钩状纹（图3-5）。［卵］呈扁平的椭圆形，表面有些有皱褶，呈不规则多边形，有光泽。［幼虫］老熟时体

图3-5　尖翅小卷叶蛾（成虫）

长 11 毫米。头部褐色，胸部黄白色，胸部到腹部前几节背面有 1 条褐色短线，腹部每节都有 4 个褐色小点，背线深绿色，气门基线淡黄绿色。［蛹］体长 7 毫米左右。触角、中足均长达第 3 腹节，前翅芽、后足达第 4 腹节，第 3 ~ 8 腹节背面前缘有一排小刻点。

成虫不危害荸荠植株，有较强的趋光性，高温闷热的夜晚扑灯量会增多。成虫白天停息在荸荠基部，飞翔力较弱，产卵有趋嫩绿习性，大多产在距地 24 ~ 70 厘米的荸荠茎秆上。幼虫有吐丝习性，可随风飘移扩散至其他植株上；大多从离水面 1.5 ~ 3.0 厘米处茎秆上侵入危害，从中部侵入的可使植株折断，蛀孔外留有虫粪。幼虫 3 龄后开始转株危害，常造成枯心苗。在江苏 1 年可发生 5 代，以 3 龄幼虫在席草留种田、荸荠残茬及莎草科杂草内越冬。第 1 代幼虫发生在 5 月上旬至 6 月上中旬，主要危害席草、莎草；第 2 代幼虫发生在 6 月中旬至 7 月中旬，主要危害荸荠、席草、莎草；第 3 代幼虫发生在 7 月下旬至 8 月中旬，主要危害荸荠、莎草；第 4 代幼虫发生在 8 月下旬至 9 月中下旬，主要危害荸荠、莎草；第 5 代幼虫发生在 9 月中下旬至 10 月中下旬，主要危害莎草、席草留种田。以第 2、第 3 代幼虫发生数量多，对荸荠易造成一定的危害。由于尖翅小卷叶蛾寄主较多，并对席草有偏食习性，所以在席草与荸荠混栽地区，往往发生量大，危害重，在水稻种植区发生则较轻。田边莎草科杂草多，越冬基数大，次年发生危害也多且重。越冬幼虫在湿度较大的田块越冬死亡率低，干燥田块则高。

防治方法：① 荸荠收获后及时清除田间的荸荠残株枯茎，

集中烧毁或沤肥。翌春时铲除田边莎草，在各发生期及时清除田间杂草。② 利用该虫在田间的化蛹部位随水层变动的特性进行深水灭蛹，在各代老熟幼虫开始化蛹前只保持田间湿润或浅水层，以利于其降低化蛹部位，然后再灌至 7 ~ 10 厘米的深水，保持 5 ~ 7 天可杀死蛹。③ 灯光诱杀成虫。④ 施足腐熟有机肥做基肥，有针对性地增施磷钾肥，避免荸荠茎秆过于嫩绿贪青而引来该虫产卵。⑤ 在防治策略上应根治第 2、第 3 代幼虫。防治时间掌握在卵块孵化高峰期前 1 ~ 2 天，也就是低龄幼虫钻蛀荸荠前施药。

四、慈姑

（一）栽培价值

慈姑（*Sagittaria sagittifolia* L.）又名白地栗、剪刀草，是泽泻科慈姑属水生蔬菜。

慈姑原产于中国，主要栽培地区在江苏、浙江以及广东、广西、云南等省（区），江苏省栽培面积达 12.3 万亩，尤以苏州市的黄慈姑、宝应县的侉老乌和浙江省嘉兴市的沈荡慈姑在国内甚为有名，近年来云南省的反季节慈姑在江浙沪地区也很受欢迎。

慈姑的球茎富含淀粉，可炒食、煮食，亦可制成淀粉食用，尤其油炸慈姑片与炸薯片一样越来越受到人们的欢迎。此外，慈姑也具有较高的药理作用。然而目前慈姑很少进行深加工，多为鲜销，且因受到传统消费习惯的影响，限制了慈姑的种植面积和销售量。为促进产业可持续发展，仍应大力开展慈姑产品加工和贮藏保鲜技术研究。

据《中国传统蔬菜图谱》介绍，100 克慈姑鲜样可食部分中含蛋白质 5.6 克、脂肪 0.2 克、碳水化合物 25.7 克、粗纤维 0.9 克、钾 1 003.3 毫克、钠 19.5 毫克、钙 8.0 毫克、镁 33.1 毫克、磷 2.6 毫克、热量 530.9 千焦耳。此外，慈姑还含有维生素 C、维生素 B、胆碱和甜菜碱等。

慈姑中的主要药用成分为胰蛋白酶抑制物和慈姑多糖。慈姑中的胆碱、甜菜碱等生物碱对金黄色葡萄球菌、化脓性链球菌具有强烈的抑制作用，是中医常用的解毒药成分。慈姑味甘，性微寒，无毒，有泻热、消结、解毒的作用，具润肺止咳、消肿化痰之功效，对缓解小儿游瘤丹毒、成人虚弱消瘦、体重减轻等病症有帮助。慈姑全草及新鲜球茎均可入药。

（二）生物学特性

1. 形态特征

（1）根　为须根系，自短缩茎基部发生，伞状分布，长30～40厘米，肉质，有细小分支，无根毛。一般扎根于25～40厘米土层间，具有固定植株、吸肥和吸水能力，亦可短期贮藏养分。

（2）茎　慈姑的茎可分为短缩茎、根状茎和球茎3种。短缩茎生于地表，是植株的主茎，其每长1节，则向上抽生1叶，向下抽生须根。短缩茎上的腋芽萌动抽生长成根状匍匐茎10余条，每条具节，长40～60厘米，最大直径1.0～1.5厘米。因品种和气候条件不同，匍匐茎的顶芽可向上长出地面，发叶生根，形成分株。随着气温下降，其顶芽向下生长，并逐渐膨大形成球茎。球茎因品种而异，多为球形、扁圆球形及卵球形等。一般纵径3～5厘米，横径3～4厘米，外皮呈黄白色或青紫色，肉白色，顶芽稍弯曲。球茎是主要食用器官和繁殖器官，贮藏了大量养分。

（3）叶　慈姑株高70～120厘米，叶片箭形，叶长25～40厘米，宽10～20厘米，形如燕尾；叶柄长60～100厘米，圆柱形，内侧凹陷，中间海绵结构，通气组织发达。全株功能叶 4 ~ 7 片，是养分制造的主要来源。

（4）花　慈姑多为无性繁殖，大田栽培较少开花，但某些品种在适宜的气候条件下，将有少数植株从叶腋抽生花梗 1 ~ 2 枝。总状花序，雌雄异花，花白色，花萼、花瓣各 3 枚。雄花雄蕊多数。雌花心皮多数，集成球形，结实后形成密集的瘦果。

（5）果实和种子　慈姑的果实为瘦果，扁平，斜侧呈卵形，有翼状，种子位于中部。慈姑种子有繁殖能力，但当年所结球茎较小，无生产价值。

2. 生长发育过程

慈姑的生长发育可分为萌芽期、茎叶生长期、球茎膨大期、开花结实期和越冬休眠期等 5 个时期。现以江苏省慈姑栽培为例简述慈姑的生长发育过程。

（1）萌芽期（4 月上旬至下旬）　当春季旬均气温达 13 ℃以上时，球茎顶芽开始萌动，顶芽基部第 1、第 2 节伸长，第 3 节上鳞片转绿并张开。随后，由芽鞘抱合的中轴抽生出过渡叶 1 ~ 2 片，呈 2 叉或 3 叉状，并在顶芽第 3 节发生白色线状细根，长出箭形正常叶 1 片。

（2）茎叶生长期（5 月上旬至 8 月下旬）　此时旬均气温达 18 ~ 29 ℃。开始每 7 ~ 10 天抽生 1 叶，以后随气温升高，每 5 天抽生 1 叶，叶面积不断扩大。至 8 月中下旬植株叶片生长达顶峰，叶片数可达 11 ~ 14 片，叶面积最大。当植株长到 7 叶时，短缩茎上的腋芽开始萌发生成匍匐根状茎，每长 1 片叶，即长 1 条根状茎。

（3）球茎膨大期（9月上旬至11月上旬）　此时旬均气温由25℃逐渐降至15℃，日照开始变短，植株生长缓慢，每10～14天抽生1片新叶，叶片变小。此时植株养分开始转移至根状茎顶端的球茎中贮藏，球茎不断膨大，10月下旬以后，地上部叶片开始枯黄。一般每株慈姑可结球11～14个，多则20个。

（4）开花结实期（9月上旬至11月上旬）　随着日照变短，球茎膨大，部分植株可抽生花枝，并开花、结实。

（5）越冬休眠期（11月上旬至翌年3月下旬）　在气温由15℃降至3℃的过程中，慈姑植株地上部停止生长并枯死，养分全部转入球茎中贮藏，进入越冬、休眠。

3. 对环境条件的要求

（1）温度　土中越冬球茎在气温5℃时顶芽开始萌动。气温达13℃以上时，球茎开始萌芽。当旬均气温在18～29℃时，植株进入营养生长旺盛期。旬均气温从25℃降至15℃左右时，最有利于球茎的形成。低于15℃球茎进入养分积累转化期，亦可挖收。气温降至5℃以下地上部枯死，植株依靠地下球茎越冬。

（2）水分　慈姑为浅水性植物，生长期一般要求水位10～20厘米。水位过深，叶柄伸长，延迟结球；水位过浅，营养生长不足而提前结球，球茎变小。定植后要求水位较低，生长旺盛的茎叶生长期要求提高水位，球茎膨大期需降低水位。

（3）土壤　为了有利于地下球茎的生长和采收，慈姑栽培要求富含有机质的壤土或黏壤土。要求土层深20～30厘米，中性至微酸性，有机质含量1.5%以上，适当增施氮肥和配施氮磷钾复合肥有利于植株生长和结球，尤其植株生长后期更应注意多施磷钾肥。

（4）光照　慈姑是喜光植物，要求有充足的光照，才能有利于叶片生长的光合作用，制造养分。同时慈姑又是短日照植物，在短日照条件下，有利于结球和球茎的膨大。

（三）主要品种

1. 苏州黄慈姑

又名白衣慈姑。江苏省苏州市地方品种。晚熟，一般亩产1 000千克左右。植株生长势强。株高90～110厘米，开展度80～90厘米。叶丛生，叶片箭形，绿色，长约20厘米，宽约22厘米；叶柄长80厘米左右。球茎卵圆形，纵径约7厘米，横径约5厘米，略呈扁形，外皮黄色，肉黄白色。球茎苞叶鞘（亦称"鳞衣"）呈"三道箍"，淡黄褐色。顶芽粗、长，微弯，略扁。单球重30～50克，单株结球11～15个，球茎质粉细腻，无苦味，味清香，品质好（图4-1）。

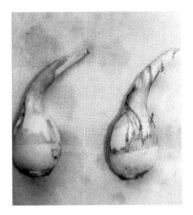

图4-1　苏州黄慈姑

2. 宝应紫圆

又名侉老乌。江苏省宝应县地方品种。中熟，一般亩产750～1 000千克。植株生长势中等。株高80～100厘米，开展度70～80厘米。叶片箭形，深绿色，长约38厘米，尖端钝，分叉的叶尾宽而短，叶宽约24厘米；叶柄长60～80厘米，较粗壮。球茎近圆形，纵径4～5厘米，横径4.0～4.5厘米，外皮青紫色，脐部黄白色，肉白色。球茎苞叶鞘呈2～3道环箍，深褐色。顶芽粗壮，短而略弯。单球重30～40克，单株结球12～15个，球茎肉质紧密，稍粗，淀粉含量高，带苦味，宜熟食（图4-2）。

图4-2　宝应紫圆

3. 沈荡慈姑

浙江省海盐县沈荡地方品种。晚熟，亩产1 000千克左右。生育期220天。株高70～80厘米，开展度50～60厘米，叶片基部箭形，先端急尖，叶长30厘米，宽20厘米，淡绿色。球茎椭圆形，略扁，纵径约5.5厘米，横径约4厘米，皮淡黄色，肉黄白色，单球重30～35克，球茎肉质柔嫩，含淀粉较多，无苦味，品质好。植株抗逆性较强。

4. 白肉慈姑

广东省广州市郊地方品种。早熟，一般亩产1 000～1 300千克。株高70～75厘米，开展度80厘米。叶片箭形，叶长约35厘米，宽约15厘米；叶柄长约60厘米。球茎扁圆球形，纵径约3厘米，横径约5厘米，皮、肉均白色。单球重40～50克，球茎质地紧实，耐贮运，抗逆性较强。

5. 沙姑

广州市地方品种。早熟，亩产 1 000 千克左右。生育期 110 ~ 120 天。株高 70 ~ 80 厘米，开展度 60 ~ 70 厘米，叶狭箭头形，长约 35 厘米，宽约 8 厘米，绿色；叶柄细而直立，长 70 厘米左右，最大直径 2.5 厘米。球茎卵圆形，纵径约 5 厘米，横径约 4 厘米，具 2 ~ 3 道环。单球重 30 ~ 50 克，皮、肉均黄白色，含淀粉多，肉质松，无苦味，品质好。抗逆性较强，耐贮性较差。

6. 平乐慈姑

又名白地栗、芽姑。桂林市平乐县特产，国家地理标志保护产品。亩产 1 200 千克左右。叶片阔箭形，颜色浅绿，上下裂片长 20 ~ 23 厘米，宽 27 ~ 29 厘米，叶柄长 70 ~ 85 厘米。分蘖分株水平较强，单株结球茎 4 ~ 7 个，单球重 40 ~ 100 克。球茎扁圆形，有 2 道环节，皮米白色，肉白色，顶芽粗壮，向一侧弯曲。质地细、松、粉，略带甜味，有栗香味。

7. 慈玉慈姑

扬州大学选育。中熟，亩产 1 200 千克左右。株高 92 厘米，生长势强。球茎卵圆形，单球重 35 ~ 40 克，皮淡黄白色。平均干物质含量 30.7%，总淀粉含量 15.9%，口感粉，酥软，略甜，品质优。抗慈姑黑粉病。

8. 乌慈姑

中熟，亩产 800 ~ 1 000 千克。株高 100 厘米左右。球茎表皮乌紫色，圆球形。纵径 4 ~ 5 厘米，横径 4.0 ~ 4.5 厘米，单球重 25 ~ 40 克。肉白色，质地致密，淀粉含量高。对黑粉病抗性较强。

（四）栽培技术

慈姑的栽培相对粗放，但要获得高产必须注意早发棵，使结球期能有较大的叶面积和较发达的根系，并在良好的日照、夜间低温及适宜的水肥管理下获得高产。下面重点介绍江苏省苏州地区一年一季慈姑露地栽培及建湖地区大棚和露地一年两季慈姑栽培方法。

1. 一年一季露地栽培技术

（1）茬口选择　苏州地区栽培慈姑根据其栽种时间可分为早水和晚水两种。早水多选用冬闲田、油菜田和两熟茭的夏茭茬种植，采用育苗移栽方法种植。晚水多选用早稻茬或早藕茬通过育苗移栽种植。

（2）培育壮秧　慈姑育苗有用整个球茎育苗和只用球茎顶芽育苗两种方法。其中华南地区均以球茎育苗，即利用球茎顶芽萌发成幼苗，并不断抽生匍匐茎，匍匐茎顶芽再发育成分株苗。当其长到 3 ~ 4 叶时拔出移栽，分株苗成长后又生分株苗，这样利用匍匐茎生长的特性，分批移苗，大量繁殖。苏州地区对大的球茎则切 1/3 带顶芽的球茎育苗，小球茎则整只用作育苗。

●催芽：早水慈姑一般于 4 月上旬将切下 1/3 带顶芽的球茎丢入水塘催芽或用窝席围好，上盖湿草，并随时浇湿，保持温度 15 ℃以上，10 ~ 15 天出芽后即可插芽育苗，每亩大田需用顶芽 10 ~ 12 千克（种姑 80 千克左右）。晚水慈姑于 5 月上旬至 6 月上旬将堆藏的球茎取出，进行催芽、育苗。

●育苗：早水慈姑多采用育苗移栽方法，即于 3 月底至 4 月初选背风向阳的肥沃水田，施腐熟有机肥 2 000 千克/亩，带水耕耙 2～3 次，随即耙平，待水澄清后做秧田。秧田宽 1.3～1.6 米，秧田间留走道 40 厘米左右。4 月下旬插芽育苗，行株距 10～15 厘米见方。栽插时要求顶芽第 3 节位入土 1.5～2.0 厘米，以利于生根（如土壤疏松可将顶芽入土 2/3，以防放水后顶芽浮起），晚水慈姑一般催芽后直接定植。

●管理：插秧后为促进顶芽生根和秧苗生长，应浅水管理以提高土温，如遇寒流则适当灌深水保苗，过后再改浅水。

（3）大田栽植

●大田准备：前茬结束后应及时耕耙，并施入基肥，一般亩施 2 000 千克腐熟有机肥，但以茭白为前茬者，因其土质较肥，大多不再另施基肥。

●适时栽植：冬闲田的早水慈姑于 5 月下旬栽植。茭白后茬慈姑于 6 月下旬移栽，晚水慈姑多在 7 月中下旬定植。

●合理密植：早水慈姑生长期长，发棵大，在肥沃的空闲地种植行距 70～80 厘米，株距 40～50 厘米，亩栽 2 000 株左右。晚水慈姑大田生长期短，发棵小，一般采取密植，基肥足时适当稀植，行株距各 40～50 厘米，亩栽 2 600～4 000 株。

栽植前先连根拔起秧苗，摘去外围叶片，保留叶柄 15～20 厘米，以防苗大移栽后遇风倒伏。栽时将秧苗根部插入土中 10 厘米左右，并摊平浮泥。

（4）田间管理

●水分管理：慈姑定植后应保持浅水—深水—浅水的水分管理规律，苗期保持水深 2～3 厘米，提高土温，促发棵。活棵后至匍匐茎抽生前（6 月上旬至 7 月上旬）保持水深 7～10 厘米。

匍匐枝抽生前后，正值天气炎热，增加水深至 13 ~ 20 厘米，尤以灌夜水降温为佳。植株生长后期（8 月下旬至 10 月下旬）天气转凉，植株需水量减少，保持 7 ~ 10 厘米水深，或放水保湿，促进球茎形成（图 4-3）。

图 4-3　苏州黄慈姑田间植株

●增施钾肥：基肥是慈姑营养的主要来源，施足基肥促进前期生长，生长旺盛期需合理施用复合肥，球茎膨大期增施钾肥可改善球茎品质，获得高产。一般于定植活棵后每亩施 10 ~ 15 千克尿素，8 月下旬慈姑膨大期，每亩追施氮磷钾三元复合肥 15 ~ 20 千克和硫酸钾 10 ~ 15 千克。

●除草捺叶：慈姑定植后要及时除草，生长匍匐茎后停止。为改善通风和光照条件，提高光合作用，结合防治病虫害，应定期"捺叶"，即一般在大田栽植 15 ~ 20 天后开始将植株外叶剥除，埋入株旁土中，留中央绿叶 5 ~ 8 片。以后每隔 20 天左右捺叶 1 次，共 3 ~ 4 次，直至大量抽生匍匐茎和结球为止。

（5）**适时收获** 长江流域一般于11月初遇到严重霜冻，地上部枯萎后开始采收，直至翌年球茎萌芽为止，可随时挖收。采收时利用高压水枪冲灌慈姑，经过冲刷后，田里泥土松散，慈姑飘出泥水，另外2～3人拿盆在水面捡拾慈姑。一般慈姑亩产1 000千克。

2. 大棚和露地一年两季栽培技术

（1）**大棚早熟栽培**

● 选择品种：选用早熟、优质、高产品种慈玉、紫金星等。

● 搭建大棚：用作大棚早熟栽培的田块要深耕、晒垡，并施腐熟有机肥1 000千克。定植前灌浅水2～3厘米，耕耙平整。1月下旬至2月上旬覆盖薄膜、整地、施肥、做畦。

● 育苗管理：① 搭小拱棚，保持白天温度25℃左右，晚上18℃左右，超过32℃需通风，而遇寒潮需加盖草帘；定植前加大通风炼苗。② 苗床水深2～3厘米。

● 适时定植：苗高20厘米、4～6叶期定植，株行距（30～40）厘米×（60～70）厘米，栽深6厘米。

● 大田管理：① 温度，参照育苗管理，4月中旬，随外界气温升高，加大通风量；5月中下旬，外界气温稳定在22℃后，揭除大棚薄膜。② 水分，慈姑苗定植后保持浅水1～2厘米，活棵后，逐渐加深水位至8～10厘米，植株封行时排水搁田5～7天，然后保持水位3～5厘米，采收前15～20天排干田水。③ 追肥，活棵后每亩施尿素20千克，搁田后每亩施氮磷钾三元复合肥30千克、硫酸钾20千克，然后灌浅水。④ 除草，一般在施肥前除草，封行后停止除草。⑤ 捺叶，结合除草将植株老叶、黄叶剥除埋入泥中。

● 及时采收：大棚早熟栽培慈姑于6月下旬至7月上旬陆续采收，一般亩产600～750千克。

（2）夏秋露地栽培　夏秋露地栽培慈姑一般选用紫圆、苏州黄等优质、高产品种，于5月上旬至6月上旬将堆藏的球茎取出，催芽、育苗后直接定植。7月上中旬大棚早熟栽培慈姑采收结束后，及时清茬、施肥、翻耕、定植新苗。11月底开始采收，亩产750千克左右。其育苗方法和田间管理技术参照苏州地区露地栽培技术。

（五）种苗繁育

留种慈姑首先应在生长期间选择具有本品种特性的植株作为母株，经过冬季露地越冬后，于3月下旬挖起，并在这些母株上再选留圆整、紧实和顶芽饱满的球茎做种。根据经验，慈姑应选择顶芽稍弯曲的球茎做种，其植株不易疯长，且早熟。晚水慈姑因种植较晚，在3月下旬挖起后还需进行堆藏。堆藏方法是先在室内带泥堆放，厚30～35厘米，待种姑外泥略干可捏成团时，选一避风处泥地上做堆贮藏。堆高70～80厘米，底宽1.7～2.0米，长度不限，堆后在四周盖1层稻草，厚2～3厘米，草外糊河泥，让顶部敞开。1周后堆顶再铺泥块和草片，几天后发现糊泥干裂时应再加1层泥浆，将裂缝糊死，待育苗时再取出。为保证大田用种，每亩应选留种姑100千克左右。

（六）主要病虫害防治

1. 病害

（1）慈姑黑粉病　又称慈姑泡泡病、慈姑疮疱病。病害从慈姑萌芽期至茎叶生长期均可发生，最易感病生育期为球茎膨大期至采收期。能危害叶片、叶柄、花器官和球茎，未完全展开的新叶最易感病。具体表现为叶上初现褪绿、黄绿色或橙黄色的椭圆形或不规则形、边缘不明显的小病斑，其后病斑逐渐发展，进而扩展为大小不一、叶正面略突起、叶背面凹、黄绿色或橙黄色的不规则泡状隆起疱斑。疱斑边缘有黄色晕圈，表面粗糙，内部组织似海绵状。泡状病斑的正面或背面四周破裂流出乳白色浆液，其后疱斑逐渐变成黄褐色至灰褐色，表皮枯黄破裂，疱斑呈黑褐色，散露出许多黑色小粉粒状物。发病严重时整片叶面密布大量的疱斑，连成一片，使病叶呈疱状皱卷畸形，最后叶片枯萎或枯死。叶柄感病初期出现长椭圆形、圆形或不规则形的褪绿小斑点，后逐渐发展成黄绿色或橙黄色瘤状突起或黑色条斑。瘤状突起的边缘有时略带紫红色，在瘤状突起表面有时会带有数条纵沟或常有乳白色浆液流出，后期变枯黄色，表皮破裂散发出大量黑色小粉粒状物。叶柄常枯黄弯曲畸形，易折断，导致叶片提早枯死。花器官受害后，子房变成黑褐色疱状。植株下部受害多在植株基部与匍匐茎结合处发病，形成不规则黑褐斑，造成表皮开裂，里面全被黑褐色孢子团所替代（图4-4）。

图4-4　慈姑黑粉病

病原菌能以厚垣孢子黏附在种茎上或随病残体遗落在土壤中越冬。该病菌喜高温高湿环境，适宜温度 28 ~ 30 ℃，相对湿度 95% 以上，连续下雨 2 天以上时病情发展较快，故天气湿闷、雷阵雨频繁的条件下易发病。长江中下游地区的发病初期在 5 月中下旬，盛期在 6—8 月。6—9 月雨量多、温度偏高，或梅雨期长、雨量大及初夏雷阵雨天气多的年份发病会加重。偏施过施氮肥使植株嫩绿徒长，过度密植、深灌水及多年连作地发病早且重，通风条件差、植株长势弱、播种早也会加重发病。慈姑不同品种间抗性有一定差异，晚熟品种比早熟品种发病轻。

防治方法：① 因地制宜选用抗病或耐病品种，如白肉慈姑、侉老乌、苏州黄等品种。② 做好选种、育苗关。一要从无病田块优选球茎留种；二在育苗前对留种球茎再次筛选，选留无病球茎和顶芽做种；三在催芽前对种茎进行消毒处理。③ 实行 2 年以上轮作，合理密植。④ 及时摘除枯黄病叶和老叶，收获后彻底清除病残体，作集中烧毁或沤肥。前期以浅水勤灌、严防干旱为主，避免长期深灌水，后期采用干干湿湿管理方法。⑤ 发病初期用药防治。多阵雨季节，雨后要及时用药补防。

（2）慈姑叶斑病　主要危害叶片、叶柄和茎。染病初期，在叶片或叶柄上生锈褐色小点，四周有黄晕，后病斑扩展，数个病斑融合，致叶片干枯，叶柄的近水面处缢缩而倒伏。茎上染病，与叶片上症状相似（图 4-5）。

以菌丝体和分生孢子在病残体上越冬。病菌借风雨传播进行侵染。江浙一带一般于 7 月开始发病，8—10 月发病严重，华南地区 10—12 月病情发生普遍。地块间危害轻重有差异。

图 4-5　慈姑叶斑病

防治方法：① 慈姑采收后及时清除病残体，集中烧毁。② 施用充分腐熟的有机肥或酵素菌沤制的堆肥。③ 加强田间管理，发现病叶及时摘除。④ 发病初期喷药防治。

（3）慈姑软腐病　主要危害球茎、茎鞭和叶柄基部。病部初呈水渍状，后腐烂有腥臭味，叶柄基部得病后常出现倒叶，球茎发病严重影响品质和产量。

病菌在球茎中或随病株遗留在土中越冬。通过雨水、灌溉水、种茎传播蔓延，经伤口侵入。污水田或慈姑钻心虫危害重的田间发病较重。

防治方法：① 及时治虫，减少伤口。② 发病初期喷药防治。

（4）慈姑叶柄基腐病　主要侵害叶柄基部引起软腐。先从外部老叶叶柄基部发生，后向内叶扩展。叶柄基部初现水渍状不规则的病斑，后变淡褐色并有白色菌丝，切开病部可见褐色的菌核。

以菌核随病残体遗落在土中越冬。次年菌核漂浮水面，萌发产生菌丝侵染叶柄。夏秋高温多雨易发病，土壤 pH 值 7.0 ~ 8.1 的条件下发病重。

防治方法：① 采收时清除病残叶，栽种时捞清水面浮叶残渣，将残渣深埋或集中烧毁。② 发病初期用药防治。药液喷于叶柄基部。

2. 虫害

（1）慈姑钻心虫　别名慈姑蛀虫、慈姑髓虫。［成虫］翅展 13 ～ 17 毫米。头部棕黄色，覆有黄色鳞毛。前翅银黄色，基部前缘有长三角形的褐色斑，翅中央从前缘中部至后缘中部，有与后缘平行的宽褐色中带，翅端部有不规则的褐色小斑一个。［卵］扁平椭圆形，表面光滑，中间略突起。卵块鱼鳞状，乳白色。［幼虫］老熟时体长 13 ～ 16 毫米。蠋形淡绿色。前胸背板两侧各有毛 5 根，前 3 后 2 排列；中后胸背板两侧各有毛 7 根，前 6 后 1 排列；第 1 ～ 8 腹节背面有毛 6 根，前 4 后 2 排列，第 9 腹节背面有毛片 3 个，排列 1 行，每个毛片有毛 2 根，臀节背面有刚毛 8 根。［蛹］体长 7.5 ～ 9.5 毫米。黄褐色。腹部背面各节有 2 横列小刺，前缘小刺大而疏，后缘小刺较小而密。腹部末端有臀棘 3 根，中间 4 根较细，二侧和端部的较粗，臀棘末端不卷曲。

成虫昼伏夜出。卵喜产在绿色的叶柄和叶片上，以叶柄中下部为主。幼虫常群集蛀入叶柄表皮或叶表面内取食叶肉。在江浙一带全年可发生 3 ～ 4 代。以老熟幼虫在慈姑的残株叶柄中越冬。第 1 代幼虫危害高峰期在 7 月中旬，主要危害早茬慈姑；第 2 代幼虫危害期在 8 月中旬；第 3 代幼虫危害期在 9 月至 10 月上中旬，是全年危害最严重的一代。

防治方法：① 晚秋初冬及时拔除慈姑残株，集中烧毁或用作

沤肥。② 在孵化高峰期，用药防治。

（2）莲缢管蚜　该蚜有趋绿性、趋嫩性，喜聚集在嫩绿幼叶、嫩芽上危害。喜偏湿环境，嗜食慈姑，其次莲藕和紫背浮萍。6月上中旬在慈姑上出现第1次危害高峰。8月下旬至9月初出现第2次危害高峰，此峰持续时间长，蚜量大，是防治的关键期。在绿萍、莲藕、慈姑混生区，早春蚜虫发生早，发生量大，受害重。春夏慈姑—藕混栽区危害重，单栽慈姑田或纯夏茬慈姑田发生迟，危害轻。夏季高温、干旱不利于莲缢管蚜生长。凡缺水的慈姑田蚜虫发生轻，相反，长期积水、生长茂密的田块发生重。雷暴雨对蚜虫有一定的冲刷作用。其他参照莲藕的莲缢管蚜。

五、水芹

（一）栽培价值

水芹［*Oenanthe javanica* (Bl.) DC.］又名水英、蒲芹、楚葵和野芹菜，是伞形科水芹属多年生草本水生蔬菜。叶柄和嫩茎是水芹的主要食用器官，水芹嫩茎和嫩芽也逐步走进人们的餐桌。我国水芹产区主要分布在长江流域及以南各省，尤以江苏、安徽栽培面积最广，江西、湖北、湖南、云南、贵州和广东、广西等省（区）也有较多种植。据统计目前国内水芹的栽培面积在 50 万亩左右。由于水芹多生长在低洼水田或沼泽地，且生长期在秋冬季，很少与粮食争地，上市期又多在冬春季节和元旦、春节两大节日，能填补淡季蔬菜的空缺，产量高，收益好。

近年来，广大科技工作者和菜农不断选育和推广新品种，获得了早、中、晚熟型的水芹品种。水芹栽培方式多样，目前已形成如苏州的深栽软化栽培、溧阳的培土软化栽培、扬州的深水软化栽培、桐城的连续采薹栽培以及大棚润湿栽培、遮阴越夏栽培、覆盖采芽栽培和自然水体浮排栽培等多种栽培模式。栽培中已实现水芹的周年生产和周年供应，取得了很好的经济效益和社会效益。

水芹中含有丰富的营养物质。据《中国传统蔬菜图谱》介绍，100 克水芹鲜样可食部分中含蛋白质 2.2 克、脂肪 0.3 克、碳水化合物 2.0 克、粗纤维 0.6 克、维生素 C 49.0 毫克、胡萝卜素 3.74 毫克、维生素 B_1 0.03 毫克、维生素 B_2 0.04 毫克、烟酸 0.3 毫克、钾 50.0 毫克、钠 0.9 毫克、钙 48.8 毫克、镁 9.6 毫克、磷 15.0 毫克、铜 0.04 毫克、铁 1.0 毫克、锌 0.1 毫克、热量 94 千焦耳。

水芹味甘，性凉，无毒。水芹中还含有黄酮类化合物、酚酸、挥发性成分、膳食纤维等功能性成分，具有降血糖、降血脂、降尿酸、护肝、抗氧化等多种功效，可见水芹是一种优质的保健蔬菜。

（二）生物学特性

1. 形态特征

水芹是多年生草本蔬菜。生产中多作一年生或二年生栽培。一般株高 40 ～ 50 厘米，而留种株和深水栽培水芹株高可达 100 ～ 200 厘米。

（1）根　为须根系，细而色白，多在地上茎基部和匍匐茎的各节上环生，长 30 ～ 40 厘米，其上还有细小的分支。

（2）茎　水芹的茎分为地上茎和地下茎 2 种。地上茎直立或斜向上生长，长 40 ～ 100 厘米，上部白绿色或白色，中空，无毛，老茎呈棱形。母茎各节均有腋芽，生产上将母茎横向排种于土面，其腋芽萌发向上长叶，向下生根，可形成新的植株。匍匐茎从地上茎的土表或土表以下节位处抽生，其顶芽萌发后转向地上部生长，形成分株。

（3）叶　为奇数羽状复叶。生长的大叶长 20 厘米、宽 12 厘米，有细小叶柄在茎上，互生。小叶尖卵形或广卵圆形，叶缘钝锯齿。叶多为绿色或黄绿色。叶柄细长，长 30 厘米左右，白绿色，基部短鞘状，包住茎部。

（4）花　具疏松的复伞形花序，在茎上顶生或侧生，无总苞或有少数狭窄的苞片，小苞片窄而短。花小，白色，花瓣和雄蕊各 5 枚，雌蕊 2 枚，花序外缘的小花花瓣通常增大，呈辐射状。

（5）果实和种子　花后结双悬果，长卵圆形，略扁，绿色，成熟后由黄绿色转为褐色。每个单果内含种子 1 粒，大多发育不良，因而生产上不用种子繁殖。

2. 生长发育过程

水芹的生长发育一般可分为幼苗期、旺盛生长期、缓慢生长期、拔节抽薹期和开花结实期等 5 个时期。下面以江苏省苏州市软化水芹栽培为例分述。

（1）幼苗期（8 月下旬至 9 月中旬）　此期旬均气温较高，由高温 27 ℃逐渐降为 23 ℃。经催芽后的种茎横向排于土面，其腋芽萌发，向上长出新叶，向下长出新根，形成新株。

（2）旺盛生长期（9 月中旬至 10 月下旬）　此期旬均气温由 21 ℃下降至 15 ℃，适宜水芹生长，叶片生长旺盛，分蘖加快，形成株丛。这一时期是水芹营养生长和产量形成的关键时期，宜增施氮肥和钾肥，并逐渐加深水位。

（3）缓慢生长期（11 月上旬至翌年 3 月下旬）　此期旬均气温由 15 ℃逐渐下降到 3 ℃左右，植株茎叶生长缓慢，分蘖停止。经移苗深栽后，通过土层软化，地下部逐渐转成白色，地上部利用少量叶片进行光合作用，制造养分，使叶柄变粗、叶片增大，变厚，这时可根据市场需求分期分批采收上市。为防止 0 ℃以下寒潮的侵袭，应注意及时灌深水护根，但不能将植株没顶。

（4）拔节抽薹期（翌年 4 月上旬至 6 月下旬）　此期气温回暖，旬均气温从 12 ℃逐渐上升至 25 ℃，越冬植株分株移栽后，生长加快，茎基部萌生较多分支并拔节抽薹，茎长 60～80 厘米，绿色，可进行光合作用制造养分，各节叶腋中形成休眠芽，茎端抽生复伞形花序。这一时期要注意前期浅水，保持 4～6 厘米水层。其后因气温回升，植株封行，应排水并保持土壤湿润，防止种株腐烂。同时应适当控制氮肥，增施磷钾肥，增强植株抗病性和抗倒伏性，促进壮实休眠芽的产生。

（5）开花结实期（翌年 7 月上旬至 8 月中旬）　此期气温继续上升，一般在 27～29 ℃，植株开始开花，结实。此时茎秆变粗、老熟，休眠芽长足、粗壮，种茎长度可达 1.5 米以上。

3. 对环境条件的要求

（1）温度　水芹喜温暖气候条件，不耐严寒和酷暑。萌芽生长适温为 23～27 ℃，高于 27 ℃腋芽呈休眠状态。15～21 ℃ 为茎叶生长旺盛期。低于 15 ℃植株生长缓慢，低于 5 ℃停止生长，0 ℃以下会发生冻害。

（2）水分　水芹生长期大多需要一定的水位，5～20 厘米水层有利于茎叶生长，但深水栽培水芹要采取逐渐加深水位来促进茎叶拔长，以增加产量。水芹亦可旱地软化栽培，保持土壤潮湿即可。水芹拔节抽薹后期要注意落去水层，保持土壤湿润。低温寒潮到来时应灌深水防冻，但不可将植株没顶。

（3）土壤　水芹根系较浅，因此要求土壤肥沃、疏松，保肥保水力强，有机质含量 1.5 %以上，土层深 20 厘米以上，pH 值在 6～7 之间。施肥以氮肥为主，适当增施磷肥、钾肥，以增强植株抗性。

（4）光照 水芹以营养生长为主，应给予充足的阳光和短日照条件。

（三）主要品种

1. 溧阳白芹

江苏省常州市地方品种，栽培历史悠久，由溧阳水芹采用独特的旱培方法软化而成。农业农村部农产品地理标志产品。当地一般于9月种植，采收时间为11月上旬至翌年2月，但以春节前后的品质最佳。旱作亩产2 500 ~ 3 000千克，水作亩产4 000 ~ 5 000千克。株高45 ~ 50厘米，植株茎绿色，有棱，横切面近圆形，中空。茎常匍匐于地面，节间易生不定根。生产上采用绿色茎进行无性繁殖，利用腋芽萌发成新的植株。新叶长15 ~ 25厘米，着生于短缩茎上，绿色，经培土软化呈白色或淡黄色，为主要食用部分。较耐肥，抗寒性较差。香味浓，口感脆嫩、微甜，在溧阳地区以旱作为主，也能在浅水田栽培。

2. 常熟白芹

江苏省常熟市地方品种，苏州市和无锡市均有栽培，适宜浅水栽培和早熟栽培。一般亩产4 000千克左右。株高45厘米左右。叶柄长30厘米左右，二回羽状复叶，小叶卵圆形，顶部尖，黄绿色，叶缘浅缺刻，叶柄绿白色。生长快，较耐热，采收早，纤维少，香味浓郁，品质佳。

3. 玉祁红芹

江苏省常州市武进区戴纪桥地方品种，后因从无锡市玉祁镇征集到，故称为玉祁红芹，中熟，适宜冬季软化栽培。受冻后叶柄不易中空，抽薹较晚，春节前后上市，一般亩产 4 000 ~ 5 000 千克。株高 50 ~ 60 厘米。叶柄长 40 厘米左右，二回羽状复叶，小叶卵形，长约 2.0 厘米，宽约 1.5 厘米，绿色，节间、叶脉、叶缘和心叶呈紫红色，叶缘粗锯齿，低温全株叶片变紫红色，气温越低，紫红色越深。抗冻性强，耐肥，嫩茎和软化叶鞘质地柔嫩，纤维少，味佳，产量高。

4. 玉祁大黄叶

江苏省无锡市锡山区玉祁镇地方品种，适宜浅水栽培或旱种，中晚熟，当地于 8 月下旬种植，12 月开始采收，可陆续采收到翌年 3 月下旬。亩产 3 500 ~ 5 000 千克。株高 60 ~ 70 厘米。叶柄长 50 厘米左右，淡绿色。小叶卵形，叶片绿色。茎上部青绿色，下部白绿色。茎粗壮，中间充满薄壁细胞，香味较浓，纤维少，品质优。

5. 扬州长白芹

江苏省扬州市地方品种，现分布于江苏省扬州市、泰州市一带，中熟，适宜较深水位栽培。一般亩产 5 000 千克以上，高产田可达 7 000 千克。植株细长，株高 70 ~ 80 厘米，最高达 90 厘米。复叶长约 20 厘米，宽约 12 厘米，柄长约 30 厘米，小叶尖卵形。茎中空，上部淡绿色，下部没入水中呈白绿色或白色。茎叶纤维含量较多，品质中等。

6. 宜兴园叶芹

江苏省宜兴市地方品种，早熟，适宜旱种，亦可水栽。旱地种植亩产 2 500 ~ 3 000 千克，水栽亩产 4 000 ~ 5 000 千克。株高 50 厘米左右，茎最大直径 1 厘米，实心，二回羽状复叶，绿色，小叶卵圆形，叶柄直立，根系发达，吸水、吸肥能力强，长得快，但耐寒性差。该品种纤维少，香味浓，品质好。

7. 鄂水芹 1 号

武汉市蔬菜科学研究所培育的品种，亩产可达 3 000 千克。株高 45 ～ 50 厘米，单株叶数 5 个左右，叶柄长度 18 ～ 21 厘米，茎、叶绿色，质地脆嫩。

8. 桐城水芹

安徽省桐城市特产，中国国家地理标志产品。一次定植可多次采收，1 年可采收 6 茬。每茬产量不同，一茬亩产 1 000 ～ 5 000 千克。根环状簇生于水下和泥中的茎节上，白而细，根系发达。茎嫩时圆柱形，老时八棱形，中心先为实心，再呈海绵状，最后变成空心。二回羽状复叶，小叶棱状椭圆形，先端较长。叶缘粗锯齿状。叶柄长，基部短鞘状，包住茎部，叶柄常浸于水中，淡绿色，叶浓绿色。6—7 月抽薹开花，花小白色，复伞花序。果实褐色，椭圆形，内有 1 枚种子，种子发芽力弱，因此采用无性繁殖方式。

（四）栽培技术

水芹的栽培方式可分为 4 类：第 1 类是以食用叶柄为主的栽培方式，可分为软化叶柄栽培、大棚润湿栽培和遮阴越夏栽培 3 种，软化叶柄栽培又可分为深栽软化栽培、培土软化栽培、深水软化栽培和分栽掐枝栽培 4 种；第 2 类是以食用嫩茎为主的栽培方式，可分为一年一茬采薹栽培和一年多茬采薹栽培；第 3 类以食用嫩芽为主，可分为覆盖采芽栽培和连续催芽栽培 2 种；第 4 类为自然水体浮排栽培。下面仅介绍几种代表性栽培方法。

1. 深栽软化栽培

深栽软化栽培指水芹排种活棵、匀苗后，待植株长到一定高度时，将芹菜苗拔起，再将数十株合并成一簇，按相应的株行距深栽于本田泥土中，达到以土软化叶柄，变白、变嫩的目的。该栽培方式主要在江苏南部、上海一带应用。

（1）茬口　水芹多以早熟藕、一熟茭和芡实为前茬，芡实收获结束后再种水芹也比较多见。

（2）育苗　8 月下旬至 10 月上旬根据前茬终收期安排水芹催芽、排种。先将老熟种茎齐地面割断，并切去上部嫩梢，清除杂草、杂物，在清水中漂洗后，齐根整理好并捆成直径 15 厘米左右的圆捆，每捆腰部用稻草捆扎 2 ~ 3 道，然后将捆好的种茎搁空码垛在沟渠上或树荫下，每捆之间留有空隙，上层与下层间都要成十字交叉，以利于通风；垛底和垛顶用柴草铺垫和覆盖，垛高 1 米左右。每天早晚要向垛堆泼浇凉水，保持湿润，促使萌芽、粗壮，防止疯长。3 ~ 4 天后开始翻垛，并清除烂叶，必要时还要用清水漂洗，经 2 ~ 3 次翻垛后即可排种。晚播品种因气温下降催芽时间短，可不翻垛直接排种。

（3）排种　水芹是叶类菜须根系作物。排种田块要平整，每亩施腐熟有机肥 1 000 ~ 2 000 千克或氮磷钾三元复合肥 25 千克，耕深 20 ~ 25 厘米，耙细、匀平，做畦，四周设围沟。在种茎芽长 3 厘米左右时，选择晴天下午或阴天排种，操作时将种茎切成 2 ~ 3 段顺序横排，边排边后退，种茎间距 5 厘米左右，顺长排列时要求头尾相接，种茎要紧贴地表，个别较弯的茎可用泥土压平，或用平锹轻轻拍平，这样既不易被水冲掉，又不至于因茎秆露出水面而晒干芽头。排种后，从四周围沟里放水，逐渐让水通过操作沟漫到畦面，让水盖住半根种茎或刚没过种茎茎秆，这样有利于提高地温、早活棵，且不易漂起。10天后种茎开始腐烂，种茎上的新芽亦长出新根，形成独立小苗，这时可结合除草适当移密补稀，使植株生长一致，每亩用种量300～400千克。

> 为减少植株的"顶端优势"，排种前宜将种茎顶芽切除，以促腋芽发芽均匀。同样，种茎宜用镰刀割下，如连根拔起的，应用刀将粗壮、带分枝的根系切除，保证茎秆均匀贴地。

（4）**软化** 10月中下旬当植株高度达30～35厘米时，为提高水芹的品质，要进行深栽软化栽培，方法是将水芹拔起，约20株合并成一簇，在本田里按株行距各15～20厘米深栽土中（移栽苗仍栽满本田），深度15厘米，以不影响叶片生长为度（图5-1）。

图5-1　水芹深栽软化栽培

（5）**灌水** 排种后，10天左右保持田面浅水，不干不淹。当苗高10~15厘米时，要排干水控一控，促使植株生根下扎。之后再加深水位至2~3厘米，直至移栽、软化。水芹在移栽软化后，先灌3~5厘米浅水，使田块表土下沉护根，1~2天后放干水，15天左右直至表土裂缝后再灌水，利于植株扎根，防止软化叶柄和根系"生锈"，其后水位保持在3~5厘米。当冬季寒潮来临时可加高水位至7~10厘米，并使植株露出水面5~10厘米，保苗越冬。

（6）**追肥** 水芹排种缓苗后，叶色放青，进入旺盛生长期，即可追肥。第1次追施尿素10~15千克，第2次追施氮磷钾三元复合肥20千克，第3次是在软化前，要重施氮磷钾三元复合肥25千克。追肥前应先降低水位，进入软化栽培后一般不再追肥。此外，适当进行根外追肥可明显提高植株抗逆性和产量，一般用0.5%磷酸二氢钾和0.1%硼砂，每7~10天进行1次根外追肥。

（7）**激素** 水芹在收获前5~7天，适量喷施赤霉素溶液可使植株迅速增高，叶色转绿，提高产量。但喷施后若采收过晚，会增加植株粗纤维含量，影响品质。赤霉素使用浓度应严格控制在50~100毫克/千克。由于赤霉素难溶于水，使用前应先用少量酒精或烧酒助溶，再兑水至所需浓度，一般每桶水（15千克）需用赤霉素1.0~1.5克，每亩用水量约2桶。

（8）**采收** 水芹移栽软化后20天左右即可陆续采收。采收从11月中下旬开始至翌年3月止，一般水芹冬季亩产在3 000千克，开春后亩产可达5 000千克以上（图5-2）。

图 5-2　收获深栽软化水芹

2. 深水软化栽培

深水软化栽培指水芹排种活棵、匀苗和植株长到一定高度后，随着植株长高而调高水位，以达到植株茎、叶软化的目的。经过深水软化的茎和叶柄颜色呈淡绿色，纤维素稍多。

水芹深水栽培技术在江苏省扬州市、泰州市、南通市和安徽省庐江县等苏皖中部地区应用较多，因其通过灌深水软化可以省去不少深栽或培土的人工，技术容易掌握，故在新菜区和缺少劳动力的地区也开始采用深水栽培，其栽培方式如下：

（1）水田准备　选用低洼塘田，土质肥沃的黏土栽培，土层深 25 厘米左右（过深浮泥不适宜种植），塘田应能随灌、随排，水位可控在 1 米左右。播种前首先做坚固的田埂，高 1.2 米以上，宽 50 厘米左右，埂土踩实拍紧，然后平整土地，施足基肥，每亩施腐熟有机肥 2 000 ~ 2 500 千克并翻耕，翻耕深度为 20 厘米，整平地块。

（2）品种选择　应选用植株较高、耐水性强的小叶型品种，如扬州长白芹和庐江高梗水芹等。

（3）催芽排种　深水栽培的水芹催芽排种方法同深栽软化栽培，即于8月中下旬催芽，10天左右后当茎节上的芽长到3厘米时开始排种，并随灌浅水没过种茎，以不漂起为度。9月中旬种茎开始腐烂，种茎节间上的新芽长出新根，形成独立新株后可结合除草适当移密补稀，然后排水搁田到地表出现细裂纹为止，促新根生长。

（4）肥水管理　搁田后施尿素10～15千克，并灌浅水3～5厘米，经过15～20天后，根据植株长势，再施氮磷钾三元复合肥30千克，并随植株不断长高而不断灌水，始终保持植株上部叶片露出水面20厘米左右（3～4张叶片），最终水位可达70～80厘米。短期冷空气时，如气温降至0℃以下可加深水位至1米，待冷空气过后立即恢复原位，以防烂叶。

（5）适时采收　深水栽培水芹在排种80～90天后，一般于11月下旬开始采收。采收前，应先降低水位。若整块田一次性采收，则在降低水位后，穿好雨裤直接下田将植株连根拔起或用刀齐地面收割，并洗去污泥，摘除黄叶、须根，切除根部，进行整理和捆扎。一般每0.5～1.0千克捆成一把（捆于茎叶基部）上市销售。较大的田块，因要分批采收，水位不能降得过低，因此采收较困难，一般要乘小船手持长柄铁铲锹或镰刀铲起植株，然后从水中捞起、清洗，再整理、捆扎和销售。深水栽培水芹因有深水保护，其采收期可延长到3月底，一般亩产5 000～6 000千克。深水栽培的水芹因水中尚能见到阳光，故叶柄呈黄绿色，白头短，品质稍差而产量较高。

3. 遮阴越夏栽培

水芹遮阴越夏栽培是指通过选用耐热、晚抽薹品种和采用遮阳网遮阴栽培、井水灌溉以及适时采收等综合措施来降低夏季田间高温和减少光照，以延迟和防止植株早抽薹，并在夏季收获叶柄用作销售的栽培方法。

该方法在江苏省宜兴市有应用，其栽培技术要点如下：

（1）整地施肥　水芹越夏栽培的田块选择参照"深栽软化栽培"，要求土地平整，土质肥沃，耕作层深25厘米的黏土或黏壤土，田块沟渠相通，能灌能排。前茬收获后，及时深耕晒垡，结合整地，每亩施优质腐熟有机肥1 500千克，氮磷钾三元复合肥30～50千克，耕翻后平整做畦。畦宽2～3米，沟宽20～30厘米，沟深15厘米。田块四周做埂，高40厘米左右，埂内围沟宽30～40厘米，沟深20厘米以上。

（2）优选良种　水芹越夏栽培宜选用抽薹晚、耐涝、耐高温能力强的品种和杂交种，如宜兴园叶芹。

（3）催芽排种　种株催芽方法参照"深栽软化栽培"部分。排种时间为6月下旬至8月下旬，分批排种。排种方法为种茎间距3厘米左右，每亩用种400千克左右。

（4）田间管理

● 遮阴：排种前后要及时搭架、遮阴、降温，一般每隔6～10米用高2米的竹、木或水泥柱立桩，上拉铁丝，再铺70%～80%遮光率的遮阳网遮阴，同时注意用绳索将遮阳网固定，防止被大风刮掉。小面积栽培可搭高1.0～1.5米的简易遮阴棚，也可利用大棚覆盖遮阳网栽培。

●灌水：排种后 1 个星期内，保持畦面湿润而不积水，遇雨时及时排水，防止种茎漂浮。

　　排种后 10 天左右，待种茎上新芽萌发、长出新根后，轻搁田 1 ~ 2 天，直至畦面出现细裂缝为止。然后畦沟内保持水深 3 ~ 5 厘米，保持畦面湿润。遇天气炎热，可采用日排夜灌和井水灌溉等措施。

●匀苗：如果畦面种株出苗不齐，应在植株具 5 片真叶前进行疏苗、补苗，一般保持每平方米苗量 280 株。

●施肥：在生长期一般追肥两次，第 1 次在排种后 15 天左右，施硫酸钾三元复合肥每亩 20 千克，15 天后，再施硫酸钾三元复合肥每亩 30 千克，施后及时灌水。

●采收：夏芹生长期一般在 40 天左右，因此，应错开排种期，分期分批采收。一般在株高 25 厘米以上采收，过高、过晚采收植株会变老，纤维增加，品质下降。采收时间以上午 10 点前为好，宜兴园叶芹叶柄较脆，尤其不宜采收过晚。夏芹采收用镰刀齐地面收割，然后小捆扎把、上市。一般亩产 2 500 ~ 3 000 千克。

此外，遮阴越夏栽培也可用于春、夏季栽培，即水芹在秋季排种、匀苗后，不再进行软化栽培而直接越冬，至翌年 3 月上旬将越冬水芹连根拔起，割去上部叶片，留茬 10 ~ 15 厘米，然后按行距 20 厘米，株距 15 厘米，在原地重栽，栽时每 3 ~ 4 株合并成一簇，栽深 3 ~ 5 厘米；或在翌年 3 月上旬将越冬水芹齐泥面割去叶柄，整理捆扎后销售。及时追施氮磷钾三元复合肥，每亩 30 ~ 50 千克，灌浅水，促进植株生长和分蘖，并注意拔除杂草，清洁田园，搭盖遮阴棚，40 天左右即可采收。如继续加强管理，增施肥料，则可继续收割。

4. 一年多茬采薹栽培

这里介绍安徽省桐城市全年收割 7 茬的栽培方法（1 次深栽软化栽培和 6 次连续收割嫩薹）。

（1）品种选择　可选用桐城水芹，该品种叶片小，抽薹早，耐热，耐涝，分蘖力强。

（2）栽培方法　桐城水芹的栽培方法分为前后 2 种，前一种是一次性采收，9 月排种，12 月份连根拔起，捆扎销售，即为"捺白老"，以食用软化叶柄为主。后一种是从 2—11 月通过分批移栽，当植株长至 30 ~ 40 厘米高时，收割嫩茎（薹），捆扎销售。

●种株繁殖：3—4 月从大田选择生长势强、抗性强的植株做种，8 月种株老熟后，选择无病、茎粗、中等株高的植株用作繁殖。一般 10 平方米的留种田种茎可排种大田 1 亩左右。

●栽培技术：排种及苗期管理基本同"深栽软化栽培"。"捺白老"栽培于 11 月中旬至 12 月中旬，选择株高 30 厘米左右的苗拔起重栽，每穴苗数 30 ~ 50 株，栽深 15 ~ 18 厘米，可于春节前后拔起，整理，上市。也可在 10 月初利用连续采薹栽培的植株，割去嫩薹后，留茬发苗，至 12 月上旬进行深栽软化，春节采收上市。

（3）田间管理

●肥料：桐城市泗水桥水芹因利用常年自流灌溉，可以不施基肥和追肥。但没有自流灌溉的地方，仍应施肥，一般亩施腐熟有机肥 1 500 ～ 2 000 千克、氮磷钾三元复合肥 30 ～ 50 千克做基肥，生长期追肥 2 ～ 3 次，每次追肥亩施尿素 10 ～ 20 千克，适当增施磷钾肥，有利茎叶粗壮，提高抗逆能力；也可进行叶片喷肥，如叶面喷施 0.3% ～ 0.5% 磷酸二氢钾。

●灌水：水芹种茎于秋季排种后，应及时灌水，以母茎半露水面为宜。15 天左右，开始排水搁田数天，促根系发育，遇大雨要及时排水，生长期保持水位 3 ～ 5 厘米。霜降后，可加深水层至 6 ～ 9 厘米，遇寒潮，气温降至零下，应及时补水，仅让叶尖露出水面，以防冻害。

●除草：一般在排种后 15 天左右，结合秧苗拔密补稀，清除杂草。植株封垄前，再拔草 1 次。

（4）适时采收　如主要针对春节高价市场，可进行一次性采收，一般株高 30 厘米，其中白梗长 25 厘米左右，亩产量 1 800 千克。也可将采收期延迟至 3—4 月，分批采收亩产可达 4 000 千克。越夏生产的水芹一般于农历正月二十白田移栽秧苗，到 4 月初割第 1 刀，至 11 月中旬收割结束。每刀产量在 2 750 ～ 3 000 千克，其中 5—6 月最高亩产量可达 3 500 千克。

5. 芹芽生产技术

江苏省宜兴市西乡白芹生态种植专业合作社经过了多年研究，总结了一套水芹（白芹芽）生产技术。将传统夹板拥土种植法改为伏地小棚稻草遮盖种植法、大田大棚与小拱棚避光种植法和暗室喷淋种植法等。当水芹植株生长到一定的养分积累后给予遮光覆盖，使其顶芽继续生长成白芹（芹芽），即在秋冬季节和春季温度适宜的条件下，直接在棚内或露地遮光，覆盖生产白芹芽，晚春或盛夏高温季节也可以将水芹植株移入暗室内，用清凉水喷淋降温保湿，生产白芹芽，实现白芹的周年生产与供应。

（1）良种选择　目前用作生产白芹的优良品种是扬州大学培育成的多倍体新品系。植株生长势强，较耐旱，叶柄实心，品质好，其小叶扁圆形，叶缘锯齿3个，呈圆弧形。

（2）伏地小棚稻草遮盖种植法

a. 水播水育法

●整地、做垄、施肥：在7—8月把田耕翻暴晒后，再把细翻晒；在8月底9月初，把田上水后用旋耕机打烂、整平，并做成宽2米、1.5米或1.2米的畦。

●播种、挑种、盖土、上水：播种前应选取品种特征明显，节间紧密，腋芽充实，没有病虫害的花茎作为种茎，并按粗细分级，切成20厘米左右的小段，每个茎段上至少保留一个芹芽，然后理齐，扎成直径20厘米左右的小捆，交叉叠放在通风阴凉处，堆高1米左右，并用稻草覆盖保湿。傍晚揭去稻草通风，每天早晨和傍晚各1次用凉水浇透种堆，待腋芽长到1～2厘米时播种育苗。播种时，把根部茎段和梢部茎段搭配均匀，撒在做好的畦面上，并盖细土灌足水，以种苗浸到水为度，以后经常保持水层。翘起的芹苗可轻轻拍压贴泥。

●定苗、追肥：待种苗长到10～15厘米高时定苗，行株距

10 ～ 12 厘米见方，定苗后追肥，慢慢脱水，在 11—12 月根据苗长势覆盖黑膜。

●搭盖小棚、盖稻草：当种株长到 25 ～ 30 厘米、粗壮有力时，用小竹片或其他材料搭建小拱棚，然后覆盖黑色保温膜或遮光厚膜，膜上盖稻草，盖严压实，不能透光透气。覆盖后保持畦面湿润，雨水过多时做好排水工作。春季气温 30 ℃以下，秋季气温 15 ℃以上时覆盖遮光厚膜，冬季在地上部受冻枯萎后，实施保温塑料薄膜和遮光厚膜双层覆盖，另外再加盖稻草生产。覆盖后，水芹茎叶养分会慢慢转移到萌发的新芽上，并慢慢腐烂，萌发的新芽逐渐长成白芹芽。其收获期正是大众蔬菜生产淡季，又恰逢春节消费旺季，这给销售提供了良好时机。

●拆棚、采收、清洗：当芹芽长到 30 厘米以上时可以采收。采收前先拆开小棚，用镰刀在近地面适当位置收割，因白芹芽上有腐烂的绿叶残渣，应先用手工清理，再用清水冲洗后整理扎把上市销售。

b. 旱播旱育法

●整地、做垄、施肥：在 7—8 月把田耕翻暴晒后，再把细翻晒，在 8 月底 9 月初，把田上水后用旋耕机打烂、整平。

●播种、挑种、盖土、上水：在整平的田里按每畦宽 1.2 米、畦沟 40 厘米间距用绳子拉线，然后把种苗切成 20 厘米长度，拌匀后撒在畦面上。待整块田播种完成后，灌足水，隔一天趁土质湿润时喷打芽前除草剂，防止杂草生长。若遇晴天高温、土面发白，则宜再上 1 次水。

●定苗、追肥：待种苗长到 10 ～ 15 厘米高时及时定苗，行株距 12 厘米见方，并拔除弱苗和多余苗，定苗后轻施追肥。

●搭盖小棚、盖稻草：当种株长到 25 ～ 30 厘米、粗壮有力时，用架材搭小棚，高度以超过植株 15 ～ 20 厘米即可，再盖上白色或黑色薄膜和稻草等，以确保不见光、不漏风，保温、保湿。

●拆棚、采收、清洗：覆盖后根据天气温度变化和市场销售行情，及时采收上市，要求采收多少量，便翻开多少覆盖物，以防芹芽见光后变青。

（3）大小棚避光种植法　该种植法主要在面积较大的田块里实施，分为旱播旱育和育苗移栽 2 种方法。

a. 旱播旱育法

●整地、做垄、施肥：在 7—8 月把田耕翻暴晒后，于 8 月下旬施鸡粪、羊粪等腐熟有机肥后精耕、细耙、平整好，然后做成轮宽 2.5 ～ 2.8 米的畦，并留出畦沟，其泥土用于覆盖种苗用，后期管理参照伏地小棚稻草遮盖种植法。

●搭盖中棚和小拱棚：10 月中下旬，随气温下降开始搭建中棚，一般中棚用 4 分镀锌钢管，长 5 米，加工成拱形，插入轮面两侧，间距 1.3 ～ 1.5 米，拱顶用镀锌钢管或竹竿捆绑扎牢。中棚搭好后，覆盖黑白膜，高温天气白面朝外，冬季低温黑面朝外，并盖严，不透风漏光。12 月中下旬棚外面加盖保温膜，内搭小拱棚、盖地膜保温。一般中小棚覆盖可延续至 5 月初，但遇 25 ℃高温时应加盖遮阳网。

●采收、清洗：冬季一般生长 25 天左右即可上市，气温 0 ℃以下 30 ～ 40 天采收上市。

b. 育苗移栽法

●整地、做垄、施肥：育苗移栽多在大棚内种植，在7—8月把田耕翻暴晒后，于8月下旬施鸡粪、羊粪等腐熟有机肥后精耕、细耙、平整好，然后搭建6米宽蔬菜大棚，做2米宽轮子（畦）2个。每轮按25～30厘米见方挖塘（穴），然后亩施20～25千克二铵复合肥。

●播种、挑种、盖土、上水：待种苗长到10～15厘米高时，棚顶及时盖遮阳网后定苗，每塘栽4～5株，栽后立即灌水，待土壤吃透水后排去田面水，待田面发白后再灌1次水。

●定苗、追肥、防虫：栽后10多天轻施追肥1次，一般亩施8～10千克尿素和氯化钾等量混合肥，当植株长到20～25厘米高、粗壮时即可采收。早秋季节，棚内可采用黄板诱蚜、黑光灯诱杀夜蛾等措施防虫及药剂防治。

●搭盖大棚和小拱棚：当植株高度达30厘米以上时开始用遮光薄膜覆盖，覆盖材料一般选用12～14丝的黑白双面膜，高温季节白面向上，低温季节黑面向上，覆盖后压严实，不漏风透光。在气温达25℃以上时加盖黑色遮阳网，气温低于5℃时加盖塑料膜等保温，到12月气温下降，大棚内应搭建小拱棚，棚宽与大棚内轮宽一致，上盖黑色地膜等保温材料，保证白芹在冬季继续生长，同时原有绿色功能叶逐渐褪绿、腐烂。

水芹植株覆盖后，气温在20～25℃时经15～20天芹芽即可长至30～40厘米，冬季气温在0℃以下时，需经30～40天白芹芽才能长至30～40厘米。

●采收、清洗：由于冬春季节为短日照，其水芹茎多呈短缩茎生长在地表下，因此，从短缩茎上长出的白芹芽也在地表下，收获时应贴地面收割。翌年清明节后，长江流域受长日照影响，水芹开始拔节，抽生种茎，而白芹芽也生长在伸出土表的种茎顶端。因此，白芹芽采收仍应贴地面收割，以便于地表烂叶的清理，也有利于白芹芽采收后种茎上侧芽的生长。

白芹芽采收时应人工清理黏附在芹芽上的烂叶残渣，冲洗，整理，扎把后上市。

●白芹芽采收后根茬的利用：白芹芽采收后，残留根茬上的侧芽继续萌发：① 若萌发新苗较多，则可在原田上继续生长后遮光覆盖，再次软化栽培生产芹芽；② 若萌发新苗过密或不均匀，则可挖出重新分栽后管理、生产芹芽；③ 清明节后根茬侧芽萌发生成种茎，也可用作秋季排种时的种源。

（4）暗室喷淋泡水种植法　是指在高温盛夏季节将已经拔节的田间生长植株移入暗室生产芹芽的方法。

a. 喷淋暗室建设。暗室要具有较好的隔热和避光功能，并经常对芹芽进行喷淋。暗室顶部既能通风透气，又能保湿，底部则能漏水。

暗室可用常规砖瓦房或用厚 10 ～ 15 厘米的高密度泡沫夹层彩钢板搭建。每间暗室宽 1.2 ～ 1.5 米、长 6 ～ 10 米，地面按不低于 1 ∶ 1 000 的比例向出水孔方向倾斜，以利于排水。喷淋水管架设高度为 2 米，喷淋水管上下部及左右两侧应扎有微孔，喷淋水管上方宜覆盖无纺布，以保持暗室内的空气相对湿度，并提高隔热效果。

b. 暗室种茎规格。湿栽白芹在晚春长日照条件下，开始拔节抽生种茎，用于暗室生产白芹芽的湿栽白芹种茎长度一般为30～50厘米，以在田不倒伏、便于捆扎为宜。

c. 种茎群体培育。培育早白芹芽种茎的田块可在9月以前施足基肥，耕耙好，并做轮宽1.5米左右，挖4～5个塘，塘内亩施复合肥20～25千克，10月栽种芹苗。

芹苗栽后应加强田间管理，土壤相对含水量控制在60%～70%，当植株叶片在中午出现萎蔫、傍晚又能恢复时，可在傍晚或次日上午补水。待翌年4月15日左右，亩施尿素和氯化钾各5～10千克。生长期应结合除草清除分枝能力过强的匍匐茎，或于种茎进暗室前清除。及时观察发现及防治各类病虫害。

d. 种茎进入暗室。翌年4月15日左右种茎培育田追肥4～5天后，把种茎挖出，扎把捆好后移入暗室的培育池内生产芹芽；但生产晚芹芽的种茎在7—9月因高温，种茎长期在太阳光下暴晒，移入暗室后应将池内灌满水，将种茎浸泡降温后放掉水。

暗室底部可放些砖块，再将成捆的种茎根部向下，依次靠紧、竖直堆放在砖块上，使喷淋水及时流出，并避免长出的白芹芽相互缠绕。

种茎堆放在砖块上后应立即用遮光膜遮挡，或在塑料薄膜上加盖无纺布，然后将培育池门封好，做到不透光、不漏气。

e. 喷淋保湿控温。种茎在暗室里排好后，在适宜的温湿度条件下，种茎的顶芽和侧芽可利用本身积累的养分萌发和生长，形成白色芹芽。同时，种茎上的叶片逐渐腐烂，随喷淋水冲洗从出水口流出。

在4—6月，暗室内芹芽一般每天早晚喷淋1次。在7—9月高温季节，暗室内温度可超过30 ℃，可用25 ℃以下洁净凉水每天喷淋2次，即12小时喷1次；也可采用喷淋泡水法，即先将排水孔塞住，喷淋积水到一定水位后再从出水口排出。

f. 白芹芽菜生长。种茎在暗室里排好后，由于其顶端优势作用，其顶芽首先萌发形成粗壮的白芹芽，长度可达1米以上。为便于芹芽运输，一般在生长1个月后、长度在40厘米时即采摘上市。顶芽采摘后，种茎上多个侧芽继续生长形成较多的白芹芽，其直径在2厘米左右，长度为40厘米左右。

g. 开仓采摘清洗。由于白芹芽见光后会变绿，因此其采摘、清洗、贮运等都应在搭建好的遮阳网或遮阴棚等遮光条件下操作。由于芹芽上粘着较多腐烂的残渣，因此采摘前先用清水冲洗，再采摘、扎把，然后用食品级塑料袋包装和贮运。

6. 自然水体浮排栽培

21 世纪初，安徽省安庆市山泉水生蔬菜研究所在水芹品种和栽培技术研究中，成功创造了以工程塑料（PVC 管等）为材料制成的浮排骨架，上铺锦纶网片可制作成水面浮排，种植水芹，实现了露地、保护地水面栽培及水体套养鱼类等多种模式，达到不受洪水影响、利用闲置水面、周年生产水芹的效果。该方法可获得优质高产的水芹，且生态高效；因其生长速度快，吸污力强，还被广泛用于治理生活污水和畜、禽、鱼等动物养殖排泄物，具有很好的效果。

（1）露地高效种植模式　①首先根据田块大小，加高、加宽四周田埂，使田块水位加深至 50 ～ 70 厘米，并施入腐熟的农家肥，每亩 1 000 千克鸡粪，散布均匀，浸泡数天后即可在浮排上排种。②制作 1 米 ×1 米或 1 米 ×2 米浮排，并运到田埂上。③选用耐热杂交后代新品种（图 5-3）。④把水芹种苗按照 5 ～ 6 厘米行距排于浮排上（季节不同，种植密度不同），并将浮排轻轻放入水面。如果田块较大，为了采收方便，可将浮排用小钩子或绳子连接起来，拖到岸边收割（图 5-4，图 5-5）。

图 5-3　杂交水芹

图 5-4　露地浮排水芹

⑤ 水下放养泥鳅等非食草鱼类。⑥ 待水芹长到45～50厘米时，便可分批收割，一般每年收割5茬，每茬可收净菜3 000～8 000千克（产量因季节和采收标准而异），每亩总产2万～3万千克。⑦ 水芹生长期一般不需打药和追肥，每采收一茬后，水体内可适当补充有机肥。高密度套养泥鳅时，应适当补喂专用饲料。

图5-5　浮排水芹产品

（2）北方温室栽培模式　2014年春，河北省涿州市进行了温室水面无土栽培水芹的种植试验，利用温室地坪低于地表的现有优势，直接用较厚的塑料膜铺在地面和四周形成一个"池塘"，灌水后加上腐熟的农家肥，浸泡数日，放上浮排，种植水芹。从种植到收获仅40天，株高就达到50厘米。同年，又在河北廊坊温室里修建水泥池，蓄水1米深，进行水芹工厂化生产和套养泥鳅。由于泥鳅可吃水中害虫，其粪便又可及时被水芹吸收利用，因此水体可被净化，水芹长势好，泥鳅生长很快，肉质口感好。

（3）畜禽养殖治污模式　浮排栽培治污模式，改变了我国传统物理和化学治污办法，利用养殖场内的水塘直接种植浮排水芹，以沼液做养料，在净化水质方面取得了很好的效果。如在湖北咸宁某水产养殖场，经过水芹的吸收净化，可以开始养鱼，并产出了不用化肥的绿色蔬菜，一举两得。河北省唐山市某屠宰场污染水不能达标排放，种植水芹进行净化后，蔬菜生长茂盛，水体变得清澈。据安徽和上海崇明两家公司对浮排水芹化验的结果表明，水芹对污水中的总氮、氨氮、总磷、水溶性磷和还原性物质（COD）含量等均有明显的吸收，净化效果显著，而重金属含量不到国家标准的十分之一。

（4）**鱼菜混养生态模式**　由于当前水产养殖采用高密度方式，一般是传统养殖的数倍至10倍，由此造成了水体富营养化和严重缺氧，导致鱼类疾病大量暴发，损失惨重。武汉市某渔场、湖北宜都天龙湾国家湿地公园、北京市密云区水产站等单位，用水养殖鲟鱼等高档鱼种和种植浮排水芹，都取得了较好的效果，实现了鱼菜双丰收（图5-6）。

图5-6　大棚浮排水芹套养泥鳅

（5）**屋顶绿化种植模式**　海南省海口市利用屋顶铺膜放水和施加有机肥种植水芹，种植40天水芹即可收割上市，不但可放心食用，还绿化了屋顶，降低了楼温，美化了环境，低碳、环保，为海绵城市的建设做出了贡献。

（6）**水体景观美化模式**　水芹耐寒性强，其他植物枯黄萧杀之际，水芹绿色依然，在水体景观方面也很受欢迎。湖北省宜都市天龙湾国家湿地公园曾在水深40米左右的清江江面，种植了以水芹、茭白、西洋菜为主的水生蔬菜及其他水生植物，而水下网箱养鱼成为养鱼、治污、收菜、造景、旅游、科普六位一体的水体景观。现在安徽省安庆市山泉水生蔬菜研究所还开发了利用自然风驱动的旋转式浮排，不但充分发挥了水芹浮排种植的优势，还可增加水体溶氧量，促进养分吸收，提高养殖量，成为水上美丽景观，该模式已在上海野生动物园等地实践，发挥了治水、景观、收菜的多重作用（图5-7）。

图5-7　自然风驱动的旋转式浮排水芹

（五）种苗繁育

3月上中旬在采收商品水芹的同时要做好选种工作，一般选择基部粗壮、节间短、直立、丛生、无分株、无病虫害和具有该品种特征特性的植株留作种株，每株以15～20厘米株行距栽入留种田，深度以不浮起为度。

留种田施肥量不必过大。一般亩施腐熟有机肥500千克或在生长期追施氮磷钾三元复合肥1～2次，每次30千克。田块要求干干湿湿，防止大水大肥，否则植株生长过旺易烂秧。

留种田还要注意清除杂草和防治蚜虫。

4月上旬至7月上旬种株开始进入拔节、抽薹、开花、结籽等过程，随气温升高、植株茎秆老熟、匍匐满田、叶片凋枯，在老茎茎节叶腋中形成越夏休眠芽。一亩留种田种芹一般可以栽植

10 ～ 15 亩大田水芹。

（六）主要病虫害防治

1. 病害

（1）水芹花叶病毒病　常见症状有两种类型。一种类型是病叶初现明脉和黄绿相间的疱状花斑，叶柄黄绿相间短缩扭曲，叶畸形，出现褐色枯死斑。另一种类型表现为叶片出现黄色斑点后，全株黄化、枯死。有时两种症状混合发生。

病毒能在土壤中的病残体上或者多年生的宿根寄主体内越冬。病毒在田间主要通过蚜虫进行传毒，也可通过人工操作或接触摩擦传播。水芹缺肥生长不良，移苗时擦伤水芹表皮，或风雨等擦坏芹叶易引起病毒病发生。

防治方法：① 与豆科作物进行水旱轮作。② 及时清除田间、田岸、塘边杂草。③ 避开高温干旱季节育苗，可采用遮阳网进行遮阴，培育壮苗。④ 在有翅蚜迁入盛期及时喷洒杀虫剂灭蚜。⑤ 发病初期用药防治。

（2）水芹褐斑病　主要在叶片上发生。初生病斑黄褐色，后扩大成形状不规则、边缘不明显、大小不一的病斑，有的融合为较大斑块，病斑变为褐色或深褐色，常有煤污状霉层，最后叶片逐渐枯黄（图5-8）。

图 5-8　水芹褐斑病

以菌丝体附着在种子或病残体上及病株上越冬。通过雨水飞溅、风媒及农事操作传播。高温多雨或高温干旱季节，夜间结露重，持续时间长，易发病。尤其在缺水、缺肥、灌水过多或植株生长不良时发病重。

防治方法：① 选用抗病品种和无病种茎留种。② 种茎催芽时用药剂喷雾消毒处理。③ 发病初期喷药防治。

（3）水芹斑枯病　主要发生在中下部叶片上。叶上初生淡褐色小斑点，后逐渐扩大呈椭圆形至不定形，直径 3～4 毫米，中央灰白色，外有黄色晕圈，病部生有稀疏小黑点，严重时叶片干枯（图 5-9）。

图 5-9　水芹斑枯病

主要以菌丝体在种株或病残体上越冬。可借风雨传播侵染。在田间发病较快，该病从 9 月下旬开始发生，可延续到次年 3—4 月。

防治方法：① 种植无病种苗。② 实行 2 年以上的轮作。③ 移栽后 10 天用药防治。

（4）水芹锈病　主要危害叶片、叶柄和茎。幼苗期即受害。叶片上初生许多针尖大小褪色斑，呈点状或条状排列，后变褐色，中央呈疱状隆起，即病菌的夏孢子堆，疱斑破裂散出橙黄色至红褐色粉状物，即夏孢子。后期在疱斑上及其附近产生暗褐色疱斑，即冬孢子堆。叶柄染病，病斑初为绿色点状或短条状隆起，破裂后散出夏孢子（图 5-10）。

图5-10　水芹锈病

病原菌以菌丝体和冬孢子堆形态在留种株上越冬。在南方，病菌可以以夏孢子的形式在田间辗转传播，完成病害周年循环，不存在越冬问题。天气温暖、少雨、雾大露重或偏施氮肥，植株长势过旺时发病重。

防治方法：① 施足基肥，适时适量追肥，增施磷钾肥。② 发病初期及时用药防治。

2. 虫害

（1）**蚜虫**　危害水芹的蚜虫主要有桃蚜、胡萝卜微管蚜、柳二尾蚜等3种。

●桃蚜：〔有翅胎生雌蚜〕头、胸部黑色，腹部绿色、黄绿色、褐色或赤褐色，背面有淡黑色斑纹。腹管细长圆筒形，端部黑色。尾片圆锥形，中央稍凹缢，有侧毛3对。〔无翅胎生雌蚜〕橄榄形，全体绿色、黄绿色、橘黄色或褐色，有光泽。腹管、尾片均与有翅胎生雌蚜相同。

●胡萝卜微管蚜：〔有翅胎生雌蚜〕黄绿色，有薄粉。腹管短无缘突，仅为尾片的1/2。〔无翅胎生雌蚜〕卵形，黄绿色至土黄色，有薄粉。腹管黑色，尾片、尾板灰黑色。腹管短弯曲，无瓦纹，无缘突。尾片圆锥形，中部不收缩。

●柳二尾蚜：〔有翅胎生雌蚜〕黄绿色或红褐色。头、胸黑色。腹部淡色，有黑色斑纹，第1～5节及第7节有小圆缘瘤，淡色或深色，位于气门内方缘斑后部。腹管长为中宽的4倍，尾片圆锥形。［无翅胎生雌蚜］长卵形，草绿色或红褐色。腹管圆筒形，中部微膨大，顶端收缩并向外微弯，有瓦纹，有缘突。尾片圆锥形，钝顶，两侧缘直，有弯纹构造，上尾片宽锥形，有瓦纹。

桃蚜全年发生20～30余代，生活史复杂，有迁移型和留守型两种，一般4月下旬至5月上旬向水芹等蔬菜上迁飞繁殖危害，全年出现春末夏初和秋季2个危害高峰期，10月中下旬部分向核果类果树迁飞越冬。胡萝卜微管蚜全年发生10～20代，主要在5—8月危害水芹等蔬菜，10月迁往忍冬科植物产卵越冬。柳二尾蚜1年发生10～15代，4—5月产生有翅蚜，向水芹、芹菜上迁飞危害植株生长，10月下旬迁移到柳属植物上以卵越冬。蚜虫对黄色、橙色有强烈的趋性，而对银灰色有负趋性。

防治方法：① 种植水芹的田块应远离冬寄主植物区。在早春时对水芹田块附近的冬寄主植物要及时治蚜。② 放置黄色黏胶板诱杀有翅蚜。采用银白色锡纸反光，拒避有翅蚜迁入。③ 在水芹受害卷叶率达到5%左右时用药防治。

（2）朱砂叶螨 别名棉红蜘蛛、红叶螨和红蜘蛛。［成螨］体色有红色、黄红色、绿色、黑褐色等。雌螨梨圆形，长0.42～0.51毫米；体躯两侧有黑褐色长斑两块，从头胸部末端起延伸到腹部的后端，有时分为前后两块，前一块略大。雄螨头胸部前端近圆形，腹部末端稍尖，体长0.26毫米。［卵］圆球形，有光泽。初产时透明无色，孵化前出现红色眼点。［幼螨］体近圆形，色泽透明，暗绿色，眼红色，足3对。［若螨］体微红色，足4对，体侧出现明显的块状斑。

　　以成螨、若螨在芹叶背面吸取汁液。有爬迁习性，往往先危害植株的下部叶片，然后向上蔓延。可靠爬行或随风雨远距离迁移扩散。卵散产，多产于叶背，造成叶片花叶。在长江中下游流域全年可发生 18～20 代，以成螨、若螨群集潜伏于向阳处的枯叶内，杂草根际，土块、树皮裂缝内及水芹、芹菜上越冬。4 月中下旬开始转移至水芹上危害，6—8 月是危害高峰期，一般 9 月下旬至 10 月开始越冬。高温低湿有利于病害发生。雨水对该螨有冲刷作用，是影响其田间种群消长的重要因素之一。

　　防治方法：① 在早春和秋末结合积肥，清洁田园，消灭早春的寄主。② 在点片发生时及时用药防治。

六、芡实

（一）栽培价值

芡实（*Euryale ferox* Salisb.）又名芡、鸡头、鸡嘴莲等，是睡莲科芡属一年生大型草本水生蔬菜。

目前我国芡实种植面积 50 多万亩，其品种大体可分为两大类：

一类为"刺芡"，曾名"北芡"，多为野生、半野生种，全国各地广为分布，其中以安徽省天长市、江西省余干县面积最大，此外，安徽省巢湖、江西省鄱阳湖、湖北省洪湖、湖南省洞庭湖、山东省微山湖以及江苏省高邮湖、洪泽湖周边均有种植，广东、河南等地也有种植。据不完全统计，目前全国刺芡种植面积约 30 万亩。刺芡因茎、叶、果均密生刺，故多成熟后一次性采收，其芡米粳性，品质差，传统用于药用或磨粉加工成糕饼，其叶柄、果柄作"鸡头菜"食用。近年来，安徽省天长市的芡农利用芡实籽粒加工成"嗑籽"，成为一优质休闲食品。

另一类为苏芡，曾名南芡，它原产于江苏省苏州市，是劳动人民长年驯化培育而成的栽培种。早在明朝正德年间，苏州地方志《姑苏志》《元和县志》《吴邑志》中已有记载，当时已有壳黄、米糯的人工栽培种。苏芡植株除叶背、叶脉上有稀疏刺和叶缘有刺外，其他部位均无刺，可按不同成熟期分批采收，其米糯性，品质优。目前全国各地如江苏、上海、江西、安徽、湖北、浙江、河南等省（市）纷纷引种，不但促进了各地芡实生产，提高了芡米产量和品质，还大大增加了芡农的收入，有极好的社会效益和经济效益。近年来，苏芡的杂交育种，优质、高效栽培技术研究，苏芡加工机械的成功研发以及"冻鲜米"产品的开发，也大大提高了苏芡的生产水平，为省工、高产、优质、高效生产创出了新路。据不完全统计，目前，全国苏芡种植面积已达20万亩。

据《中国传统蔬菜图谱》介绍，100克芡实鲜样可食部分中含蛋白质4.4克、脂肪0.2克、碳水化合物31.1克、粗纤维0.4克、维生素C 6.0毫克、硫胺素0.4毫克、核黄素0.08毫克、烟酸2.5毫克、抗坏血酸6毫克、钙9毫克、磷110毫克、铁0.4毫克、热量602千焦耳。

芡实性平，味甘涩。据《神农本草经》记载，能"主湿痹腰脊膝痛，补中除暴疾、益精气强志，令耳目聪明"。《本草从新》记载，芡实能"补脾固肾，助气涩精"。《本草经疏》记载，芡实是"补脾胃，固精气之药"。《本草纲目》亦肯定了芡实"止渴益肾"的功效。因此芡实常作滋补药，用来补脾止泻、固肾涩精，治遗精、淋浊带下、小便失禁、大便泄泻等症。此外，久服芡实可身轻不饥，耐劳。茎止烦渴，除虚热，生熟皆宜；其根状如三棱，煮熟如芋可食，治心痛气结病。用芡实根捣烂，敷患处可治无名肿毒。

（二）生物学特性

1. 形态特征

刺芡和苏芡植株形态有较大差异，下面以原地方品种紫花苏芡为例。

（1）根　根为丛状须根，位于短缩茎叶柄基部，白色，长100～130厘米，直径0.4～0.8厘米，数量较多，根内有小气道与茎叶相通。

（2）茎　茎为短缩茎，节间紧密，倒圆锥形，中央部分组织紧密，外围组织疏松，呈海绵状，中有气道与根系和叶片相通。最大短缩茎的高度和直径可达15厘米以上。

（3）叶　叶分为线形叶、戟形叶、箭形叶、盾形叶和完全叶5种。叶片由叶芽萌发，从短缩茎的鳞片叶中抽出，并环生于短缩茎上，呈三角形螺旋状上升。初生叶线状，随后发育抽生戟形叶和箭形叶，以后再抽生盾形叶（叶片基部开裂）和少量须根。盾形叶生长在水中，其叶面绿色，四周镶有红边，光滑无刺，叶背紫红，叶柄从细长如线而变得粗壮，叶片缺刻越来越小。一般抽生6～9张，浮于水面。此后气温升高，叶片生长加快，最后形成完全叶（圆形），以后叶片一张比一张大，形成功能叶。此时植株根系发达，短缩茎逐渐膨大，功能叶网状叶脉明显，呈蜂窝状，并着生暗褐色细刺，叶面皱褶越来越多，有尖状突起，叶片全缘，直径1.5米左右；叶背和叶柄紫红色，叶柄直径3～4厘米，长1米左右，无刺，但有短绒毛，组织疏松，不能直立。此时，叶片开始互相叠压、封行。全株叶片总数为25张左右，其中线形叶1张，戟形叶1～2张，箭形叶2～3张，盾形叶4～5张，圆形完全叶18张，新生叶不断长大，覆盖老叶，全株保留功能叶4～5张。

（4）花　植株抽生4～5张完全叶后，花梗从短缩茎的叶腋间抽出，顶部开花，一般先抽一花，再抽一叶，后期则连续生花。花蕾在水下形成，花冠露出水面开放 1 ~ 2 天，昼开夜闭，自花或异花授粉。花托卵球形，花萼 4 片，三角形，外侧青绿色，内侧紫红色，花瓣青紫色，24 片。雄蕊 30 多个，并与内层花瓣基部相连，花药淡黄色；雌蕊为多心皮合生而成，柱头圆盘状，紫红色，子房下位，14 ~ 18 室。受精后花即凋谢，花萼宿存，随花托弯入水中发育成果实。

（5）果实和种子　芡实果实圆球形，顶端有鸡啄状宿存花萼，呈"鸡头"状。果实上无刺，但密生绒毛。每株结果 18 ~ 20 个，单果重 0.5 ~ 1.0 千克，果实皮较薄，内含种子 100 余粒。籽粒较大，种子圆珠形，外有薄膜状假种皮，上有红色斑点。种皮未成熟时为橘红色，质松易碎，成熟时呈褐黄色，坚硬难碎，种子直径 1.6 厘米左右，种皮厚 0.35 ~ 0.40 厘米，百粒重 200 克左右（潮湿种子），内种皮乳黄色，种仁白色或呈淡黄色，直径 0.7 ~ 0.9 厘米，干米百粒重 22 ~ 25 克。

据观察，长江流域苏芡从种子萌发到果实终收，全发育期为 180 天左右。每株一般可采收成熟果实 11 ~ 14 个，每株收获干芡米 0.26 ~ 0.28 千克。

刺芡的形态特征与苏芡相近，其主要区别在于：刺芡植株的叶柄、叶面、叶背的叶脉、花梗（果柄）以及果实、萼片均密生细刺，不便管理和采摘；刺芡的叶片一般比苏芡小，结果数比苏芡多，成熟较早，但只形小，种子粒小、少，壳灰青色，种仁（芡米）亦小，粳性，产量较低。

2. 生长发育过程

芡实的生长发育一般可分为萌芽期、幼苗生长期、茎叶旺盛生长期、开花结果期和种子休眠期等 5 个时期。下面以苏芡栽培为例。

（1）萌芽期（4 月上旬至下旬）　4 月上旬平均气温达 12 ℃时，芡实的种子开始萌芽，至 4 月中旬气温上升至 15 ℃时种子萌发，胚根、胚轴、胚芽及子叶基部先后通过种孔长出，即"露白"。

（2）幼苗生长期（5 月上旬至 6 月下旬）　此时气温回升较快，旬均温度在 18 ~ 25 ℃。随后胚轴不断伸长，顶端形成短缩茎，其组织疏松呈海绵状。幼苗开始抽生线形叶、戟形叶、箭形叶、盾形叶和小圆叶。随着叶面积逐渐增大，须状根系发育，数量和长度增加。其营养从内源种子向外源叶片光合作用过渡。

（3）茎叶旺盛生长期（7 月上旬至 10 月上旬）　此期旬均气温前期达 27 ~ 29 ℃，植株茎叶生长进入高峰期，同时养分积累促进生殖生长，后期气温下降至 20 ℃，茎叶生长减缓。

（4）开花结果期（8 月上旬至 10 月中旬）　此期旬均气温由高到低（29 ~ 20 ℃），随着植株每长 1 叶要长 1 花，全面进入生殖生长期和产品收获期。

（5）种子休眠期（10 月中旬至翌年 3 月下旬）　此时旬均气温由 18 ℃下降至 3 ℃，植株地上部分停止生长，直至茎叶枯黄，果实采收结束。此时留种种子放入编织袋里埋入深 30 厘米的淤泥中或浸泡在深水底直到翌年开春播种。

3. 对环境条件的要求

（1）温度 芡实生长要求较高的温度，一般 15 ℃时种子开始萌芽，18 ～ 25 ℃缓慢生长，27 ～ 29 ℃进入营养旺盛生长期和生殖生长期；低于 15 ℃或高于 35 ℃时植株生长受影响，低于 5 ℃时植株地上部枯死，低于 0 ℃时种子受冻，影响发芽。

（2）水分 芡实生长要求有充足的水分，萌芽期和幼苗生长期要求水浅，有利于提高水温，促进种子萌芽和植株生长。进入茎叶旺盛生长期应加大水位，不但有利于短缩茎上叶片和花芽分化、生长，也有利于叶片在水面生长。水位深一般以 40 ～ 50 厘米为宜，植株生长最好。芡实也能耐较深水位，短期 1.5 米仍可正常生长，但养分消耗多。另外，还应注意防止水位忽高忽低。

（3）土壤 由于芡实根系为丛状须根，生于短缩茎叶柄基部，并呈螺旋状向上生长，数量较多，且发达，因此要求土层深厚，并挖大型定植穴，保证上部根系入土。芡实生长以黏壤土为好，有机质含量 1.5% 以上，不宜在淤泥中生长，要求氮磷钾含量全面，后期应增施钾肥，土壤酸碱度中至弱酸性。表面温度过高，将影响叶片光合作用和花的授粉受精，影响结实率。芡实是短日照作物，由长日照转入短日照有利于开花结实。

（三）类型和主要品种

1. 苏芡

（1）姑苏芡 2 号 由紫花苏芡与深紫红花刺芡杂交并系统选育而成。早熟，亩产鲜芡米 100 千克左右。植株生长势中等，无刺。叶片深绿色，直径 200 ～ 230 厘米。花萼 4 片，短三角形，外侧青绿色，内侧紫红色，花瓣紫色。单株结果 18 只，果实圆球形，直径 10 厘米左右，单果重 450 克左右。籽粒嫩熟时呈鲜红色，老熟时红褐色，直径约 1.5 厘米，米仁直径约 1.0 厘米，种壳厚约 0.25 厘米。米仁约占籽粒重量的 36%，烘干后出仁率约为 55%。植株抗叶瘤病能力较强，较耐寒，可用来加工冻鲜米和干芡米（图 6-1）。

图 6-1　姑苏芡 2 号

（2）姑苏芡 4 号　由苏芡 52（紫花苏芡 × 白花苏芡）F6 与苏芡 21（紫花苏芡 × 紫红花刺芡）F6 杂交并系选育而成。中熟，亩产鲜芡米 96 千克左右。植株生长势强，无刺。叶片深绿色，直径 200 ～ 230 厘米。花萼 4 片，短三角形，外侧青绿色，内侧紫红色，花瓣紫色。单株结果 15 只，果实圆球形，直径 11.7 厘米左右，单果重 600 克左右。平均单果籽粒数 145 粒，籽粒老熟时呈红色，直径 1.61 厘米左右，米仁直径 1.05 厘米左右，种壳厚 0.28 厘米。米仁占籽粒重量的 26.5% 左右，烘干后出仁率约为 55%。植株抗叶瘤病能力较强，可用来加工冻鲜米和干芡米（图 6-2）。

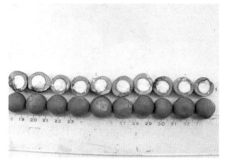

图 6-2　姑苏芡 4 号

（3）**苏芡 20 号** 苏州市农业科学院选育。早熟，亩产鲜芡米 90 千克左右。植株生长势强，少刺。叶片深绿色，直径 2.0 ～ 2.3 米，叶脉红色。花萼 4 片，短三角形，外侧青绿色，内侧紫红色，花瓣紫色。单株结果 15 只，果实圆球形，直径 10.5 厘米左右，单果重 380 克左右。平均单果籽粒数 95 粒，籽粒嫩熟时呈鲜红色，老熟时红褐色，直径 1.55 厘米左右，米仁直径 1.15 厘米左右，种壳厚 0.2 厘米左右。米仁占籽粒重量的 45% 左右。植株抗叶瘤病能力较强，较耐寒。可用于加工冻鲜米和干芡米（图 6-3）。

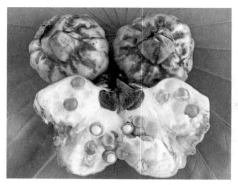

图 6-3　苏芡 20 号

（4）**苏芡 21 号** 苏州市农业科学院选育。早熟，亩产鲜芡米 110 千克左右。植株生长势强，少刺。叶片深绿色，直径 2.0 ～ 2.3 米，叶脉红色。花萼 4 片，短三角形，外侧青绿色，内侧紫红色，花瓣紫色。单株结果 15 只，果实圆球形，直径 11.5 厘米左右，单果重 550 克左右。平均单果籽粒数 120 粒，籽粒嫩熟时呈黄色，老熟时黄褐色，直径 1.6 厘米左右，米仁直径 1.1

厘米左右，种壳厚 0.25 厘米左右。米仁占籽粒重量的 38% 左右。植株抗叶瘤病能力较强，较耐寒。可用于加工冻鲜米和干芡米（图 6-4）。

图 6-4　苏芡 21 号

2. 刺芡

（1）紫红花刺芡　一般亩产干芡米 20 ~ 25 千克。植株个体较小，初生叶幼小，线形，随植株生长，叶形增大，由箭形叶到缺刻盾叶，地上部分全身无刺。成长植株，叶面和叶背的叶脉、花萼、果柄、果实上均密生刚刺。叶正面绿色，有皱褶，直径 70 ~ 80 厘米，最大 1.5 米，叶脉网状突起；叶柄长 1.5 米左右。花瓣深紫红色，果柄长 1 米左右，果实卵圆形，长约 10.5 厘米，横径约 7.5 厘米，重 250 千克左右。单株结果 13 ~ 15 只，每果平均有种子 60 ~ 80 粒，多的有 100 多粒。每果种子重 150 克左右，种壳绿褐色，种子直径 1 厘米左右，壳厚 0.10 ~ 0.15 厘米，种仁 0.7 ~ 0.8 厘米，粉质，色白。抗逆性强，能在水深 1.5 ~ 2.0 米时生长，适宜湖泊种植，宜密植（图 6-5）。

（2）杂种刺芡　野生刺芡与苏芡人工杂交或天然串粉后，其后代分离形成了众多有刺杂种，有白、深红、鲜红等不同花色；有绿褐色、红色、黄色种壳；其刚刺有细、粗之分；壳有1.0～1.5毫米不等。其后代结果多、果型大、高产、抗逆性强，其叶柄、嫩茎易撕皮，是优质的刺芡新成员，也是育种的新资源（图6-6）。

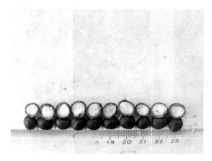

图6-5　紫红花刺芡（宝应刺芡）　　　图6-6　杂交刺芡后代

（四）栽培技术

芡实有苏芡和刺芡之分，下文重点介绍苏芡原产地的栽培技术和刺芡的半野生栽培方法。

1.苏芡

（1）育苗

●苗床准备：芡实育苗床应根据种子数量多少选在避风向阳田块露地播种或用薄膜覆盖育苗，也可利用房前空地或水泥场面筑边高20～25厘米的简易苗床，底衬0.08毫米（8丝）厚的薄膜，上铺肥沃壤土或水稻田土，厚10厘米左右。整平畦面，灌水5厘米左右，待水澄清后播种，苗床上搭塑料小棚，增温保温

（图6-7）。育苗床与移苗床面积比为1 ： 100左右，移苗床与大田面积比为1 ： 30左右。

图6-7　小棚育苗

●育苗时间：芡实的苗龄一般60 ～ 70天，近年随着天气变暖，各地芡实播种期均有所提前。长江流域多在4月上中旬露地播种，5月上中旬移苗，6月上中旬定植。采用薄膜覆盖，有利于出苗整齐，也可提前育苗。但过早播种、定植，会因植株抗性减弱，导致发病早，病害重，易早衰。

●播种方法：薄膜覆盖育苗者于播种前3 ～ 5天，将年前埋藏的种子取出，反复淘洗干净，剔除小粒、嫩粒种子后直接播种，露地播种者，可将种子放在盛水容器里晒几天，种子萌芽后再播。每平方米苗床可播种子1.0 ～ 1.5千克，每亩用种量因品种、籽粒大小不同及发芽率而异，一般按实际种植株数加倍量播，每亩0.5 ～ 1.0千克。播种后，畦面保持水位5 ～ 10厘米，随植株生长逐渐加高水位。

（2）**移栽**　播种后30天，至5月上中旬，幼苗长有1～2张小圆形叶时移栽，移苗田应选择避风向阳、灌排方便的水田，四周做高田埂，清除杂草，每亩施入腐熟有机肥250～500千克或氮磷钾三元复合肥10千克，并耕翻、平整，灌水深10～15厘米。移栽苗行株距为（40～50）厘米×（40～50）厘米，移苗时要带种子连根挖出。如移苗田远离秧田时，则运苗前应将根上的泥土洗净，理好根系，放在容器内，遮阴，防晒，栽时防止泥土埋没心叶（图6-8）。随着新叶的生长，逐步加深水位到20～25厘米。

图6-8　移栽

（3）**定植**

●田块准备：栽种芡实的田块宜选择壤土、黏壤土种植，不选用淤泥深及腐殖质含量过高的池塘、藕田。为减轻芡实病害发生，宜与其他水生蔬菜轮作，如茭白、水芹、豆瓣菜、水蕹菜等，也可与旱生蔬菜或小麦、蚕豆、油菜田轮作。

芡实秧苗定植前，要做好田间准备工作：一要做埂。首先根据田块平整程度划块，一般每块田土壤高低落差应小于10厘米，面积数亩至数十亩不等。为便于采收，宜按15～20米宽做埂，种7～9株，或大型田块里每隔7～9株后少种1株，以作"船路"，将采收的果实由此"船路"运出。每块田四周做高60～70厘米、宽40～50厘米的田埂，大型田块应加高加宽。为防渗漏，田埂内侧可贴塑料薄膜，薄膜入土30厘米，上部盖没田埂。二要耕翻、平整土地。三要适施基肥。对肥力不足的田块，尤其是粮田及荒田，要增施基肥，如腐熟的鸡粪、饼肥，但每亩控制施肥量在250～500千克，施后耕翻、耙平。四要清塘除害。捕捞塘内食草鱼类及小龙虾，也可施茶籽饼10～15千克或生石灰粉25～50千克清塘。五要插竿挖穴。由于芡实株型很大，为便于挖穴、施肥、采收时准确定位，应事先用竹竿、芦苇扦插做标记，行株距2.2米×2.2米，然后在其旁边挖穴，每穴上口直径0.6～0.8米，深15厘米，呈浅铁锅形，每亩130穴左右。六要穴施种肥。在没有铺施基肥的田块，可采用穴施种肥的办法，一般可用腐熟有机肥如鸡粪或饼肥每穴0.25～0.50千克或施三元复合肥每穴0.1千克，并与穴内泥土拌匀，1～2天后待复合肥化开后再定植。七要灌浅水。定植田水位为15～20厘米。

●定植时间：6月上中旬当芡实秧苗长到1～2张大圆叶，叶面直径20～25厘米，叶柄长30～40厘米，直径1.0厘米时定植。

●起苗运输：定植前要先将移苗田的秧苗挖起，并用破开的编织袋，两侧各用一根短竹竿固定，在两竹竿间用两根绳索相连，做成一副简易挑担，装苗运送到大田定植（图6-9）。起苗时仍应用手抄到根底部挖起，尽量少伤根，挖出后将根部泥土洗去，有序放于秧田水中，再及时遮阴装运。

图6-9　起苗定植

●栽种方法：芡实秧苗运到田头后，立即派苗到穴中。定植方法是先将较长的根系盘成较松的团，放到穴底，再用稍硬的泥土将根系压住，周边再稍培土。

培土时，不要用稀泥，防止灌水后浮苗；也不可培土过厚，以防泥土"窝心"；定植后理顺叶片、浮于水面。

（4）田间管理

●防风：芡实秧苗不耐风浪袭击，有条件的可在湖荡或大田（数十亩以上）四周栽种茭白，荡内每隔20米左右，纵横各栽茭白1～2行，形成防风茭白围带（茭白宜选单季茭，4月定植，9月采收）；遇到大风时，叶片刮翻，应及时将叶片翻转。

●补苗：芡苗移栽后要检查苗心是否被淤泥埋没，若有缺株，应立即补栽。

●壅土：随着植株生长，植株短缩茎不断长粗并向上延伸，同时，长出新叶和新根，因此要分2～3次培泥壅根，最后将浅穴培平。

●除草：栽后7～10天，开始用网兜捞去浮萍和拔除杂草，并将杂草揉成团埋入泥中做肥料。7月中下旬以后，叶片开始封行，根系向行间延伸，为防止下田踩断新根，应停止除草。

●灌水：芡实生长期需水量很大，定植后应保持田面浅水15～20厘米，以后随植株生长，田间水量由小到大，茎叶旺盛生长期田间水位可调高至40～50厘米，果实采收期水位不低于35厘米，并注意经常添加新水，防止长期"死水"。禁用污水灌溉。生长期不撒施有机肥，以保持水质良好，减轻病害发生。

此外，还要密切注意周边稻田使用除草剂的时间，防止直接灌溉稻田排放出的含有除草剂的水，以防药害。

●追肥：芡实是否缺肥可分析植株形态。如叶片大而肥厚，叶色深绿有光泽，叶面皱褶明显，并有尖状突起，表示肥料充足；如叶片发黄，新叶展开后与前一片叶子大小相似，叶片皱纹很密，尖状突起不明显，生长瘦弱，说明肥料不足，尤其缺氮；如植株矮化，叶片发红，开花延迟，果实变小，可能缺磷；在植株开花结果期，叶片边缘黄化、焦枯，向上翻卷，则表现为缺钾症状，应有针对性地及时追肥（图6-10，图6-11）。

图 6-10　芡实田间生长植株　　　　图 6-11　芡实采收后补肥

　　芡实株型大，果实采收期长，需肥量也多，为便于运输和操作，现多以氮磷钾三元复合肥作追肥，分批施用。① 活棵后如植株瘦小，可追少量尿素，每亩 3～5 千克（植株正常，不施）。② 植株定植至采收前一般追肥 3 次：第 1 次在芡苗定植后 10～15 天，植株已活棵，并进入营养生长期，追施氮磷钾三元复合肥每株 0.15 千克；第 2 次在第 1 次施肥后 15～20 天，植株进入茎叶旺盛生长期，追施氮磷钾三元复合肥每株 0.15 千克；第 3 次在田间植株封行前，每株重施氮磷钾三元复合肥 0.15 千克和硫酸钾 0.10 千克。施肥时应注意将肥料撒于未展开的新叶基部附近和对面两叶片间，并随植株生长逐渐由近根部向远根部扩展。③ 为了促进植株生长后期果实膨大，增加产量，可在采收中后期（采收第 3 次和第 6 次后）再各追 1 次氮磷钾三元复合肥，每株 0.1 千克。④ 在植株开花结果期，可于晴天傍晚结合打药在叶面喷施生物有机肥或微量元素叶面肥或配制 0.2% 磷酸二氢钾和 0.1% 硼酸混合液，可增强植株抗性和提高产量、质量（注意叶面喷施肥料总浓度不超过 1%）。

（5）适时采收　苏芡定植 60 天后，于 8 月上中旬开始分批采收，至 10 月上中旬结束。长江流域一般可采收 10 ~ 12 次，采收果实 15 ~ 17 只。当植株症状表现为心叶收缩，新叶生长缓慢，叶面直径明显缩小，叶表面平滑，水面出现双花，前期生长的果实果柄开始发软、果皮开始由毛糙变光滑时，表明其果实已逐渐成熟，可陆续采收。一般第 1、第 2 次采收间隔 6 天（俗称 7 天打两头），第 2、第 3 次和第 3、第 4 次采收间隔 5 天，以后随气温升高隔 4 天采收 1 次，每次可采 2 只果，但在生产上芡农往往根据自己田块面积多少、果实成熟度和采收速度，安排固定采收期，如间隔 5 天或 6 天采收一次，由此，采收的果实必有嫩、老之分，苏州地区将其称作"大旦"和"剥胚"。"大旦"果实果柄着生于叶面刚展平的新叶基部，从基部可以摸到其抽生出的果柄，果柄粗且开始由硬转软，顺着果柄向上，可以找到果实，其果面颜色稍淡，手摸感觉稍毛糙，籽粒稍鼓突，用手按鼓突的籽，能听到响声者称作"大旦"，用其手工剥米加工成"冻鲜米"。由此逆时针旋转 140° 夹角位置，可以找到前一张叶片，该叶片稍大，颜色稍深，其基部所抽生出的果柄已变软，上面着生的果实表面光滑，果面颜色比"大旦"深，用手按鼓突的籽，能有籽粒滚动的感觉，该果实籽粒即为"剥胚"，目前用机器来剥壳，烘干加工成"干芡米"。如以此位再向前旋转 140° 夹角位置，可以找到最大而定型的叶片，颜色深，在其基部抽生的果实果柄已很软，其果柄和果实可随水流而漂动，果皮颜色最深，其籽粒即为"老粒"，一般留作种子用。

采收芡实果实前应先用竹刀将发黄的老叶划破，划去叶边，开出一条走道（并作为今后采收时的固定走道，以免过多损坏绿叶），一条走道采收左右两行。当摸到果柄变软的成熟果时，即从水中拉出，用竹刀（刀口向上）自果实基部割下（注意不可将果柄割断，以免水从果柄进入植株，造成死亡）投入身后网袋内、箩内或桶内（图6-12）。

图6-12　及时采收芡实果实

据观察，在芡实采收旺季，从开花至采收，"大旦"需20天，"剥胚"需25天，"老粒"需30天。

（6）产品加工　将采下的果实，手工剥开果皮，取出种子。因假种皮含有单宁，衣服和手接触即染上黑色，故需先将种子处理。一般将有假种皮的种子放在竹篓内，穿着胶鞋踩踏，使假种皮脱落，流出黄色水液，用水冲洗后，再踏、再冲洗，直至假种皮全部脱落，无黄水，种子由橘黄转微白时为止，再洗净。用打苞机加工可一次性完成。

芡实籽粒在漂洗后，目前可用来加工嗑籽、冻鲜米、干米等。嗑籽指壳薄 1.0 ~ 1.5 毫米、籽粒直径 12 ~ 14 毫米的特定品种加工成的产品，即将其种壳经机器打磨去涩，经聚乙烯复合包装袋真空包装的冰冻产品。"大旦"用铜指甲人工剥开，漂洗、定量包装后用聚乙烯复合包装袋真空包装或用聚乙烯薄膜袋加水封口后冰冻保存制成"冻鲜米"。"剥胚"用钳子夹开种壳或用机器剥壳后用聚乙烯薄膜袋加水封口成"水米"冰冻保存或及时吹（烘）干及晒干，加工成"干米"，及时用聚乙烯薄膜袋或复合袋包装，放于室内干燥保存。地方品种紫花苏芡每 5 千克"剥胚"湿种子，可剥出鲜芡米 1.1 千克，晒成干芡米 0.6 千克左右。而"老粒"则用刀劈开或钳子夹开或机器剥壳加工成干米，多磨粉加工糕点。

2. 刺芡

刺芡植株全身有刺，大多是自生自灭，即春季种子萌发并成苗，开花结果后，种子自然脱落，随水漂浮，后沉入水中淤泥里，形成一个周期，故又称"野芡"。

为了提高刺芡的产量，目前亦有采用人工栽培的，但管理较粗放。其栽培要点如下：

（1）**播种**　刺芡一般不育苗，而采用水面直播法。直播的方法有撒播、条播和穴播 3 种。撒播多在水深 30 ~ 50 厘米的水面采用，要求每平方米落籽 1 ~ 2 粒。条播即在水面上按 2.5 ~ 3.0 米行距插竿拉线，并顺线直播，每 50 ~ 100 厘米落籽 1 粒。穴播则在 30 厘米深的浅水区进行，每隔 3 米见方挖一浅穴，每穴播种子 3 ~ 4 粒，并盖土 1.5 厘米。直播时间因地区不同而选在 3 月中旬至 4 月上旬。播种出苗后要及时检查，移密补疏。一般播种量为每亩 1.5 ~ 2.0 千克。

（2）采收　由于刺芡遍体多刺，不便分批采收，多采用一次性采收法，即选择大部分果实成熟时采收。长江中下游地区 9 月下旬、华南地区 10 月上旬，少数芡实果实自然成熟爆裂，散出种子，漂于水面，大多数植株新叶变小，心叶不能充分开展，外围大叶边缘有些焦枯，多数果实皮发红，此时为采收适期。采收方法是用长柄镰刀自果实茎部稍带果梗割下，散落水面，再用小刀割去残留于果实上的果梗，用带长柄的大口网兜或竹篮捞起果实和散落的种子。果实因有刺，需用工具将其挤压，把种子挤出，此时的种子多为老粒，种皮坚硬，种仁淀粉含量高。大面积种植的刺芡多在植株枯死、果实开裂、种子落入泥中后用吸泥泵吸出过筛、清洗后，再用机器剥壳加工成芡米。

此外，对于大粒种的刺芡或用于加工休闲食品"嗑籽"者，也有按苏芡栽培技术种植和采收的。

（五）种苗繁育

苏芡以种子繁殖，其选留种多采用"单株选"办法。首先应选择植株生长旺盛，无病虫害，有 2 ~ 3 张大叶（2 米以上），1 ~ 2 张小叶（1 米左右），叶面青绿，小叶光滑，每株结果数多（可结 15 ~ 20 只），花蕾饱满，子房短圆，光滑，萼片短三角形，果实饱满、圆整、籽粒多、种仁大的植株。在第 4、第 5 次采收果实时，选留充分长足的果实，并将其顶部萼片摘除 1 片，以做标记，在以后采收日再将成熟果采下（从开花至种子成熟约需 30 天）。采收后仍将后熟数天，然后剥出种子，去除假种皮和淘汰三角形未熟种子，装入透气编织袋或蒲包内（每包 10 ~ 15 千克），并埋于水田淤泥下 30 厘米处或浸泡在水下 50 厘米，翌年播种时取出。

刺芡留种时应将采收回来的果实挑选籽粒鼓突、饱满、个大者，单独脱粒，并选择粒大、种皮青灰色、坚硬、种脊突出、壳薄的种子留种。单独包装，贮藏，方法参照苏芡。

（六）主要病虫害防治

1. 病害

（1）芡实叶斑病　又称芡实黑斑病、芡实叶片角卷霉斑腐病、芡实拟叉梗霉斑腐病、芡实麸皮瘟。发病初期芡叶外缘有许多暗绿色圆形病斑，后转为深褐色，有时具轮纹，一般直径在 3 ~ 4 毫米，最大可达 8 毫米，易腐烂。严重时病斑连片，使整片叶腐烂，潮湿时病斑上生鼠灰色霉层。

以菌丝体或厚垣孢子在病残体上越冬。借助风雨和气流传播蔓延。一般 7 月中旬至 8 月中旬受害重。凡水温高、有机肥施用过多、水浅、水质差，发病就重。氮肥过多、植株生长过旺也有利于发病。

防治方法：① 实行水旱轮作。② 在生长期和收获时摘除病残叶，并进行深埋或烧毁处理。③ 施优质腐熟有机肥或经酵素菌沤制的堆肥做基肥，生长期间严禁施有机肥。看苗看田追肥，植株封行前增施一次钾肥。按芡实的不同生育阶段管好水层，做到深浅适宜。④ 发病初期用药防治。

（2）**芡实叶瘤病** 发病初期在叶面出现淡绿色黄斑，后隆起膨大呈瘤状，直径 4 ~ 50 厘米，高 2 ~ 10 厘米。瘤的形状不规则，呈黄色，上有红斑或红条纹，后期开裂或变褐腐烂，散发出大量黑褐色圆球形的冬孢子球。严重时叶片上数个或十余个叶瘤同时生出，肿瘤大时易致芡叶下沉水底（图 6-13）。

图 6-13　芡实叶瘤病

以厚垣孢子团随病残体在土壤中越冬。可借气流、雨水、田水传播发病。7—8 月雨水多，尤其是雷阵雨、暴风雨多，病害发生就重；重茬田块发病也重；偏施氮肥会加重病害的发生。

防治方法：① 实行轮作。② 收获后及时清除病残体。③ 合理施肥，增施磷钾肥。④ 在芡实茎叶旺盛生长期，田间水位控制在 40 ~ 50 厘米，果实采收期水位不低于 35 厘米，芡田应经常添加清洁水，保持良好的水质，严禁在生长期施用有机肥，禁止污水灌溉。⑤ 在芡实定植活棵后，植株开始进入旺盛生长期，可分期施药预防。⑥ 及时割除病瘤，将病瘤携出田外深埋处理，并喷药防治。

（3）**芡实炭疽病** 主要危害叶片，亦可侵害花梗。叶片上病斑圆形或近圆形，直径 2 ~ 7 毫米，病斑融合呈不规则小斑块，病斑边缘褐色，中央淡褐色，具明显同心轮纹，其上生小黑点。严重时病斑密布，有的破裂或穿孔。花梗病斑呈纺锤形，褐色，稍凹陷（图 6-14）。

以菌丝体和分生孢子座在病残体上越冬。可借气流或风雨传播蔓延。该病 6—11 月发生，8—10 月受害重，发生普遍。高温多雨尤其是暴风雨频繁的年份或季节易发病。连

图 6-14　芡实炭疽病

作地或植株过密、通风透光性差的田块发病重。

防治方法：① 施肥应适施基肥，严格控制有机肥数量，适当追肥。根据芡实不同生育期，以水调温，以水调肥，做到深浅适度。② 及时清除病株病叶，带出田外烧毁或深埋。③ 发病初期用药防治。

2. 虫害

（1）莲藕潜叶摇蚊　参照莲藕的莲藕潜叶摇蚊。

（2）莲缢管蚜　参照莲藕的莲缢管蚜。

（3）菰毛眼水蝇　参照茭白的菰毛眼水蝇。

（4）食根金花虫　参照莲藕的食根金花虫。

（5）菱萤叶甲　参照菱的菱萤叶甲。

3. 有害生物

（1）**扁卷螺**　参照莼菜的扁卷螺。

（2）**锥实螺**　参照莼菜的锥实螺。

（3）**福寿螺**　别名大瓶螺、苹果螺、雪螺、金宝螺。［成螺］个体大，每只螺重 15 ~ 25 克，最大可达 50 克以上。螺体

呈圆锥状，有4～5个螺层，右旋，螺旋部短而圆，体螺层膨大，有脐孔。成螺壳厚，壳面光滑，有光泽和若干条细纵纹，多呈黄褐色或深褐色。头部具触角2对，前触角短，后触角长，后触角的基部外侧各有一只眼睛（图6-15）。[卵]圆形，直径2毫米，粉红色或鲜红色，卵的表面有一层蜡粉状物覆盖。由3～4层卵粒叠覆成葡萄串状卵块，椭圆形，大小不一（图6-16）。[幼螺]外形与成螺相似，淡褐色，壳薄透明。

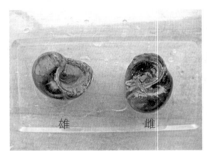

图6-15　福寿螺（成螺）

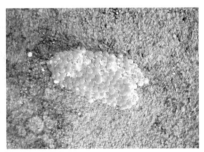

图6-16　福寿螺（卵）

　　福寿螺喜阴怕光，喜洁怕脏，多集群栖息于土壤肥沃、有水生植物的缓流溪河、浜底、池边浅水区及阴湿通气沟渠、水田等处。能离开水体短暂生活，长期暴露于阳光下会造成螺体脱水而死亡。多在茎秆、沟壁、墙壁、田埂、杂草等上产卵。在长江以南广大地区福寿螺可自然越冬，以成螺、幼螺在河沟、渠道中越冬，少数在低洼潮湿田的表土内越冬，全年发生2代。每年3—11月为福寿螺的繁殖季节，其中5—8月是繁殖盛期。繁殖力极强，适应环境的生存能力很强，为食量大且食性杂的软体动物害虫。

防治方法：①在春耕前清理芡实田边水沟，清除淤泥和杂草，同时对沟渠和低洼积水处采用药物进行防治越冬螺源。②灌溉渠入口或者芡实田进水口安装阻隔网，防止福寿螺随水进入田间。③在春季产卵高峰期，结合田间管理人工摘除田间、沟渠边卵块，带离芡实田喂养鸭子或将卵块压碎。利用放水时成螺主要集中在进排水口和沟内，早晨和下午人工拾螺。④芡实田灌水后，在田中插 30 ~ 100 厘米高竹片（木条、油菜秸秆），引诱福寿螺在竹片（木条、秸秆）上集中产卵，每 2 ~ 3 天摘除一次卵块进行销毁。数量以每亩 30 ~ 80 根竹片（木条、秸秆）为宜，靠近田边适当多插，方便卵块摘除。⑤在芡实播种前，先将芡田的水位降低，然后用茶籽饼拌细土撒于田里。在芡实生长期，可撒药于芡田四周及芡株行间；也可用药喷施芡田。注意施药时田间水层应有 1 ~ 3 厘米，保水 7 天。杀螺剂对鱼类有毒，施药后 7 天不可将田水排入鱼塘。

（4）丝状藻类　参照莼菜的丝状藻类。

（5）鲎虫　别名三眼恐龙虾、翻车车、王八鱼、水鳖子、王八盖子等。［成虫］体长 2.5 ~ 7.5 厘米，身体分节达 40 节以上，胸肢至少 40 对，有些肢体多达 70 多对。体表深灰绿色。虫体扁平，头胸部及躯干前部覆有一扁盾形大背甲，腹部细长，柔软灵活。虫体后端有 1 对柱状细长分节的长尾巴成叉状。有 3 只眼睛，背甲前缘中央可见 1 对无柄的左右两侧相互靠拢的黑色复眼，两复眼前中间有 1 只白色感光的眼睛（图 6-17）。［幼虫］白色，长 2 ~ 3 厘米（图 6-18）。

图 6-17　鲎虫（成虫）

鲎虫栖息在湖泊、池塘水底。鲎虫的食性很杂，啃食芡实幼叶，会自相残杀。鲎虫的卵有很强的生命力，属于休眠卵，在干旱的状态下，至少可以存活25年之久。当条件适宜时，便会终止休眠，幼虫破壳而出。可营孤雌繁殖。鲎虫主要生活于临时性的浅水体，比如雨后或季节性水体。鲎虫既会爬泳，又能仰泳。幼虫以一天一倍的惊人生长速率生长。幼虫成长阶段会很快经历多次蜕壳（大约每日1次），在30天内进化至成虫。

防治方法参照莼菜的萍摇蚊。

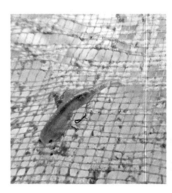

图 6-18　鲎虫（幼虫）

七、莼菜

（一）栽培价值

莼菜（*Brasenia schreberi* Gmel.）古名茆、蓴，是睡莲科莼属多年生水生蔬菜。

我国莼菜商品产区现在主要分布在湖北省利川市、四川省雷波县和重庆市石柱土家族自治县，传统产区江苏省苏州市和浙江省杭州市种植面积已大幅减少，目前全国栽培面积约 3 万亩。据江苏省苏州市蔬菜研究所测定，100 克莼菜鲜样可食部分中含水分 95.48%，其 100 克干样样品经原子光谱测定，主要成分有全氮 2.07 克、可溶性总糖 6.61 克、还原糖 1.99 克、多糖 0.66 克、维生素 C 20.8 毫克、钾 712 毫克、钠 185 毫克、钙 103 毫克、镁 264 毫克、磷 1 596 毫克、铜 129 毫克、铁 16 毫克、锰 36.4 毫克。另据现代《中药大词典》记载，莼菜还含有少量维生素 B_{12}。透明胶质主要是多糖，可用热水或稀碱溶出，其组分有 L-阿拉伯糖、L-岩藻糖、D-半乳糖、D-葡萄糖醛酸、D-甘露糖、L-鼠李糖、D-木糖，此外，还有 D-半乳糖醛酸、D-果糖、D-氨基葡萄糖等。

莼菜的主要药用成分为多糖体、黏质部，具有一定的防癌功效。水质越好，莼菜所含的胶质越多，品质越好。湖北省利川市福宝山，海拔 1 400 米左右，气候凉爽，水质清洁，因此莼菜品质甚佳。由于莼菜栽培不占粮田，要求肥料不多，栽培容易，唯采摘花劳动力较多，在有一定水面、水深及山区泉水池塘等环境均可种植。

据《本草纲目》记载，莼菜性甘、寒，无毒，具有消渴热脾作用，"和鲫鱼作羹食，下气止呕，补大小肠虚气，防热疸，厚肠胃，安下焦。遂水，解百毒并蛊气"。对"一切痈疽""头上恶疮""数种疔疮"均有较好功效。据现代《中药大词典》记载，莼菜亦能"清热、利水、消肿、解毒。治热痢、黄疸、痈肿、疔疮"。但因莼菜"性冷而滑"，"多食腹寒痛"，因此食用应适量。

（二）生物学特性

1. 形态特征

（1）根　莼菜是多年生水生宿根草本蔬菜。根为须根，白色，被淤泥污染后呈黑褐色。分布于叶柄基部茎节的两侧，各生一束。水中茎抽生时亦于基部两侧各生一束须根，当水中茎老熟、形成离层脱离地下匍匐茎后即可独立成苗。莼菜的根一般长 15～20 厘米，分布于 10～15 厘米的浅土层中或近地的水中茎上。

（2）茎　莼菜的茎分为地下根状匍匐茎、短缩茎和水中茎等 3 种。地下根状匍匐茎细长，黄白色，长达 1 米以上，节间长 10～15 厘米，茎直径 0.5 厘米左右，每节生有叶片（叶薄、黄绿色，一般不出水面）。叶腋间长出短缩茎，并形成 4～6 根丛生状水中茎。短缩茎和水中茎均为绿色，水中茎纤细，密生褐色茸毛，长度随水深而变化，一般为 60～100 厘米，节间长 3～10

厘米，直径 0.25 ～ 0.40 厘米，节部突出。水中茎内侧基部腋芽萌发可分别形成二级、三级分枝，呈丛生状。各茎顶端嫩梢和卷叶均被纤毛分泌的透明胶质所包裹着，在水质好的塘、田中，中下部水中茎亦被透明胶质包裹。莼菜在恶劣环境条件下，如冬季严寒（0 ℃以下）和夏季酷暑（35 ℃以上）下，水面叶片衰败，下部短缩茎上不能正常抽生水中茎；或水中茎顶端不伸长，而形成 15 ～ 20 厘米、茎短、叶芽不展开的"休眠芽"，即"越冬休眠芽"和"越夏休眠芽"。当环境条件适宜时，休眠芽开始拔节，重新正常生长。如恶劣环境条件持续时间较长，则其基部形成离层，可与母体脱离，随风浪漂荡。当环境条件适宜时再从基部发根，并扎入土壤中，茎叶展开，形成新的植株。

（3）叶　莼菜叶片互生，初生叶卷曲，柄短，外有胶质包裹，是主要产品器官。成叶有细长叶柄，一般长 25 ～ 40 厘米，直径 0.2 厘米左右。由于生长部位不同、见光程度不同及其成熟度不同，叶柄颜色呈绿色、黄色和红色。叶片浮于水面，椭圆形盾状，一般纵径 5 ～ 12 厘米，横径 3 ～ 6 厘米，全缘，叶表面绿色，背面紫红色或外缘向内其红色由深变浅，叶脉从中心向外呈放射状排列，12 ～ 16 条。幼嫩叶片的叶柄、叶背均包裹有琼脂样的胶状透明物质。老熟叶片则因纤毛脱落而失去胶质。

（4）花　花梗自叶腋抽出，绿色，后转黄色，梗长 8 ～ 15 厘米，有柔毛。花露出水面，花径 2.0 ～ 2.5 厘米，萼片、花瓣各 3 张；萼片和花瓣颜色因品种不同而异，花瓣紫红色者其萼片有粉红色和淡绿色 2 种，花瓣淡红色者其萼片基部淡绿色，萼尖粉红色。萼片和花瓣外形相似，呈披针形。萼片长约 1 厘米，宽

0.4 厘米；花瓣长 1.2 ~ 1.5 厘米，宽 0.3 厘米。雄蕊 12 ~ 30 个，初花期较花被稍短，盛花期则伸出花被外，深紫红色，花丝长 1 厘米，花药长 0.4 厘米，宽 0.08 厘米，花粉黄色；雌蕊 4 ~ 20 个，微红色，离生，子房长 0.5 厘米，直径 0.1 厘米；柱头扁平开展，长 0.5 厘米，宽 0.08 厘米，上有白色长直毛。一般每朵花发育成 2 ~ 10 个果实的果实群。

（5）果实和种子　果实群伴有宿萼，革质，花萼长 1.3 厘米，宽 0.5 厘米；花瓣长 2.2 厘米，宽 0.4 厘米。果实卵形，绿色，不开裂，长约 1.1 厘米，基部狭窄，顶部有宿存花柱，成喙状，长 0.6 厘米，内有种子 1 ~ 2 粒；卵圆形，淡黄色，纵径 0.45 厘米，横径 0.30 厘米。

2. 生长发育过程

莼菜的种子萌发困难，但在自然环境条件下，在土壤中保存数年至更长时间仍可正常发芽，生产上多以地下匍匐茎和越冬休眠芽繁殖。莼菜生长发育一般可分为萌芽期、春季旺盛生长期、越夏缓慢生长期、开花结果期、秋季旺盛生长期、晚秋缓慢生长期和越冬休眠期等 7 个时期。下面以江苏太湖莼菜为例简述。

（1）萌芽期（3月下旬至4月上旬）　当春季旬均气温超过 10 ℃时，莼菜水中茎的越冬休眠芽、根状匍匐茎的顶芽以及侧芽相继萌发，节间拔长并抽生小叶，根状匍匐茎各节发生须根，扎入土中吸收养分。随着气温进一步升高，在叶腋间长出短缩茎和丛生的水中茎，抽生叶片并浮出水面。

（2）春季旺盛生长期（4月下旬至7月上旬）　此期旬均气温上升到 16 ~ 28 ℃，莼菜生长最旺盛，叶腋间不断长出短缩茎和丛生状水中茎，并形成二级、三级分枝，长出新叶，同时向地下部生长生成根状匍匐茎，这是全年产量最高的阶段，亦是品质最好的时期。

（3）越夏缓慢生长期（7月中旬至8月上旬）　此期旬均气温维持在28～29℃，植株生长基本停止，抽生新枝、新叶极少；水温高，病虫害增多，叶片容易腐烂，影响商品品质。

（4）开花结果期（5月中旬至8月上旬）　此期气温在19～29℃，莼菜植株进入旺盛生长的同时，随着新梢萌发，上部花芽分化发育成深红色的花蕾，花蕾上有绒毛并披裹胶质。一般5月中旬花蕾露出水面，5月下旬开始进入盛花期，6月中旬后花逐渐减少，8月上旬开花停止，所结果实没入水中并自行脱落，掉入泥中。

（5）秋季旺盛生长期（8月中旬至9月下旬）　旬均气温由28℃逐渐降至21℃，莼菜开始恢复生长，并进入秋季第二个高峰生长期，产量有明显回升。

（6）晚秋缓慢生长期（10月上旬至11月上旬）　旬均气温在15～20℃，此期莼菜生长开始减缓，产量逐渐下降，胶质减少，植株以积累养分为主。

（7）越冬休眠期（11月中旬至翌年3月中旬）　此期旬均气温从15℃开始降至3℃左右，植株生长基本停止，养分集中到根状匍匐茎和水中茎顶端贮存，其中水中茎的老叶片脱落，顶端节间不再拔长，叶片不长，从而形成粗壮、短缩的茎和顶芽，即越冬休眠芽。一般气候条件下，翌年开春越冬休眠芽可自行萌发、节间伸长、叶片展开，形成新的水中茎。但在严寒和风浪较大时，越冬休眠芽与下部茎之间形成离层，脱离母株，随水漂荡，到翌年春季遇到适宜土壤等环境条件时扎根生长，形成新株。此外，温度过低，部分水中茎也会枯死脱落。

3. 对环境条件的要求

（1）温度　莼菜是喜温性水生蔬菜，生长适温为 16 ~ 28 ℃。28 ℃以上生长缓慢，超过 35 ℃呼吸作用超过同化作用，植株衰败；低于 15 ℃停止生长，低于 5 ℃叶片枯死，部分水中茎与母体形成离层，脱落，植株进入休眠期。

（2）水分　莼菜全株生长在水中，需要有较深的水位，一般水深且清洁有利于植株生长，茎肥、叶少，胶质多；水浅夏季水温高，不利于生长，茎少、叶多，胶质少。一般要求水深宜在 50 ~ 70 厘米，最深不超过 1 米。莼菜的食用器官是水中茎的顶芽和未展开的嫩叶，因此水质好坏直接影响莼菜产品品质。矿物质含量高和无污染的水最有利于莼菜生长，尤其是在流入山泉水的池塘中生长的莼菜胶质最多；死水、污水容易滋生藻类，导致莼菜发生病虫害，造成烂叶，胶质减少，产量低，质量差，直至死亡。

（3）土壤　莼菜生长喜微酸性，pH 值 5.5 ~ 6.5。土壤以富含腐殖质的泥炭土、香灰土以及经过改良的水稻田土为佳。莼菜基肥宜选用草塘肥和腐熟饼肥，不能施用未充分腐熟的厩肥，否则容易造成水质污染，影响植株生长。莼菜生长对磷的需求较多，其次为氮和钾。

（4）光照　莼菜生长要求中等光照强度，有利于光合作用和养分制造，同时也能在弱光下生长，如山间池塘虽有一些树木遮阴，但仍生长良好。另外，在晴天后的阴雨天则可以明显提高莼菜的产量和品质。莼菜对日照要求为长日照，长日照条件下有利于开花结实。

（三）类型和主要品种

目前我国莼菜品种分类有 2 种方法：一种以植物学性状中的叶片颜色和花冠颜色来区分，主要有 3 种类型，即红叶红萼种（叶背深红色，幼嫩卷叶淡紫红色，花瓣紫红色，萼片粉红色）、红叶绿萼种（叶背深红色，幼嫩卷叶淡紫红色，花瓣紫红色，萼片淡绿色）和红边绿叶种（叶背边缘紫红色，越向叶片中心颜色越淡，中央淡绿色，幼嫩卷叶绿色，花瓣淡红色，萼片基部绿色，萼尖粉红色）；另一种以产地划分，如太湖莼菜、西湖莼菜、富阳莼菜、利川莼菜和马湖莼菜等。由于莼菜花朵小，开花时间短，加之一个群体中有多种类型并存，非专业人员很难区分，因此可简单以叶背颜色划分为红叶和绿叶 2 类，或以产地划分。下文以产地划分分别介绍。

1. 太湖莼菜

江苏省苏州市地方品种，主要产于东太湖湖滩和围垦地，20 世纪 70 年代浙江省杭州市大量引种，它们是红叶红萼、红叶绿萼和红边绿叶 3 个种类的混合种。它们的叶片均为椭圆形，盾状，全缘，叶面绿色，幼嫩卷叶外包裹较厚的透明胶质，品质好。太湖莼菜产量较高，一般亩产可达 750 千克左右（图 7-1，图 7-2）。

图 7-1　太湖莼菜　　　　　图 7-2　采摘太湖莼菜

2. 利川莼菜

湖北省利川市地方品种，主要产自海拔 1 400 米的福宝山，这里气候凉爽，水质清洁，植株生长势强。叶片椭圆形，盾状，全缘，叶面深绿色，叶背鲜红色，纵向主脉淡绿色，并伴有绿晕，叶大，纵径 8.7 厘米，横径 6.1 厘米，花被粉红色，卷叶绿色，胶质厚，品质优良。当地产量每亩 650 千克左右。

（四）栽培技术

1. 塘田选择

湖泊、池塘、河道、港汊以及低洼田均可作为莼菜的栽培场所，但要获得高产、优质，则必须选择适宜的土壤、水深和水质。其中对土壤种类要求不严格，但以有机质含量丰富，理化性状良好，土壤结构适宜，pH 值为 5.5 ~ 6.5 的泥炭土、香灰土和经改良的水稻土为宜，土层厚度为 20 厘米以上。种植前应事先施入腐熟饼肥 50 千克，并亩撒茶籽饼 10 ~ 15 千克或生石灰 30 ~ 40 千克清塘，充分耕耙，去除杂草、藻类和害虫等。

2. 种茎定植

莼菜虽有种子，但采收困难，且种壳坚硬，发芽率较低，出苗后生长也缓慢。因此，生产中多用地下匍匐茎繁殖，或带根水中茎和越冬休眠芽繁殖。

（1）**定植时间** 莼菜除炎夏和寒冬外，其余时间均可种植，但一般多春种和冬种，即以清明前后和小雪前后种植为佳。这时植株仅有短缩茎和休眠芽，便于运输和操作，成活率高。

（2）**种茎选择** 莼菜如用地下匍匐茎繁殖，应选取白色粗壮的茎段，每段不少于 2 ～ 3 节；水中茎应选取粗壮老龄，色泽绿，带须根的茎段；越冬休眠芽可在 10 月底至 11 月采收（有的自行脱落），并在浅水土中扦插，翌年清明前后再移栽。

（3）**栽植方法** 莼菜的栽植方法有条播和穴播两种，用地下匍匐茎和水中茎繁殖采用条播方法，一般行距 50 ～ 60 厘米，每行匍匐茎单根顺长排列；用越冬休眠芽繁殖则采用穴播方法，行距 1 米，株距 30 厘米。

莼菜做种的地下匍匐茎、水中茎和越冬休眠芽都要注意随挖、随选、随种。当天种不完者应暂存于水中保湿，以免影响发芽。

3. 田间管理

（1）**灌水** 莼菜田整年不能断水，并经常保持活水或 2 ～ 3 天换清水 1 次。莼菜定植期应浅水管理，以利于增温，早发棵。

7—8 月高温和 11 月至翌年 2 月低温期应深水管理，有条件的灌山泉水或井水，一般正常生长水位以 50 厘米为佳。

（2）追肥　莼菜是多年生水生蔬菜，每年追肥应掌握在冬春根茎萌发前。一般亩用草塘泥 3 000 ~ 5 000 千克，或腐熟饼肥 50 千克。为提高 7—9 月的产量，从 5—9 月每月亩施 1 ~ 2 次尿素或复合肥，全年每亩折合 25 千克。过多施用氮肥会降低产品品质。

（3）除草　莼菜定植期及每年植株萌芽期杂草较多，要注意及时拔草。当莼菜田水流不畅和有机质含量高时易长青苔（水绵），影响莼菜生长和产品质量，应及时降低水位，并喷药防治。

（4）采收　莼菜一经栽植，可连续采收多年。目前生产上莼菜的采收期主要是春季（4 月中下旬至 7 月上旬）和秋季（8 月中旬至 10 月上旬），全年采收 5 个月左右，10 月中旬形成越冬休眠芽，不再长新叶时停止采收。当年春种者，需经 2 ~ 3 个月后，叶片基本长满水面时开始采收。商品莼菜以采收嫩梢和初生卷叶为主。嫩梢一般包括 1 ~ 2 张卷叶和顶芽，外包被透明胶质。根据卷叶的大小一般分为 S 级（1.0 ~ 2.5 厘米）、M 级（2.6 ~ 4.5 厘米）和 L 级（4.6 ~ 6.0 厘米）3 个级别，它们分别占采收量的 6% ~ 8%、15% ~ 30%、50% ~ 75%。

采收者以乘小船或菱桶采收为宜，这样速度既快，产品质量又好。一般人均日采摘 10 千克左右，熟练者每天可采摘 15 ~ 20 千克。下田采摘者应固定行走路线，避免因泥浆搅起而影响产品质量。管理好的莼菜田，栽种当年可收 250 ~ 500 千克，第二至第三年亩产达 500 ~ 1 000 千克。新鲜莼菜采收后应浸入水中保存，时间 1 ~ 2 天。久贮胶质脱落，叶片腐烂，故宜当日采收，当日罐藏或速冻加工。

（5）更新　莼菜一经栽植，可连续多年采收，定植后 2 ~ 4 年为高产年份。以后生长开始减弱，并逐步衰败。主要表现为春季萌芽晚，叶片小，生长速度慢，新芽少，产量低。因此，生产上一般采取隔行拔除一部分根状匍匐茎的办法，或全部拔起再选择粗壮无病匍匐茎重新排种。选用越冬休眠芽扦插繁殖，更有利于复壮。

（五）种苗繁育

为提高莼菜种性和复壮，生产上主要采用越冬休眠芽扦插繁殖，即在 10 月底至 11 月采集无病虫、粗壮的越冬休眠芽，在浅水土壤中扦插，翌年清明前后再定植大田。

此外，品种的不同，其卷叶（梭子）的大小也不同，既影响其产量，也影响其产品质量。如红叶红萼种植株生长慢，叶片小，一级、二级梭子比例多，外贸出口合格率高，但产量低。而红边绿叶种，植株生长势强，叶片大，采收不及时容易造成三级比例多，但产量高。因此，在生产中应根据不同要求选用不同品种。

（六）主要病虫害防治

1. 病害

（1）莼菜叶腐病　主要危害叶片，叶柄亦能受害。在已展开的叶片上初现褪绿色、直径 0.5 ~ 1.0 厘米的不规则病斑，后病斑扩大到半叶至整叶，变暗褐色湿腐状病斑。未展开的子叶常整叶变成黑色腐烂（图7-3）。

以菌丝体或卵孢子随病残体在莼菜塘中越冬。在水质差、水色呈淡黄色或咖啡色、水面有一层锈色浮沫的浑浊池水中易多发，在青苔多的池水中也易发生。

防治方法：① 保持池塘水清洁、流动，追肥不用人畜粪便等有机肥。② 发病初期用药防

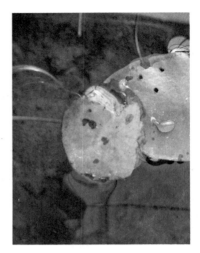

图7-3　莼菜叶腐病

治。在施药前一天宜排水保持薄水层，喷药后过24～48小时再回水。

（2）莼菜根腐病　主要危害地下根茎。病株初期抽出的叶片变淡，卷转，不展开；叶柄呈弯曲状，后变褐色腐烂；拔出根部可见已变棕褐色，严重时会腐烂。

连作田，偏施或过施氮肥，用未腐熟的有机肥做基肥，或被食根金花虫危害等易发病并受害重。连绵阴雨，日照不足或暴风雨频繁，污水入田也易引起发病。

防治方法：① 施用腐熟有机肥，经常保持池水清洁流动。② 清除丝状藻类及防治食根金花虫危害。③ 发现初发病株及时挖除，带出塘外妥善处理，并用药防治。

2. 虫害

（1）萍摇蚊　摇蚊的幼虫统称萍丝虫。萍褐摇蚊和萍绿摇

蚊的幼虫均称红丝虫，萍黄摇蚊的幼虫俗称白丝虫。

●萍褐摇蚊：［成虫］体长 4 ~ 5 毫米，茶褐色。雌蚊两翅中央各有 1 个黑斑，触角棒状，中胸两侧各有 1 个黑色斑点，腹部有 4 条黑色斑纹。雄蚊体瘦小，触角羽毛状，腹部有 3 条黑色斑纹（图 7-4）。［卵］小球形，白色透明，孵化时为棕褐色。卵 50 ~ 80 粒不规则地排列于白色胶质球形卵囊中。卵囊直径为 1 ~ 2 毫米。［幼虫］体长 7 ~ 8 毫米，红褐色。无中、后胸，前胸和腹部末节各有伪足 1 对，无血鳃。［蛹］体长 4 ~ 5 毫米，暗红色。头、胸大，腹部各节依次细小，前胸背侧各有一丛白色绒毛状呼吸器伸出头部上面。

图 7-4　萍褐摇蚊（成虫）

●萍绿摇蚊：［成虫］体长 4 ~ 5 毫米，绿色。胸部背面有 3 条土黄色纵条斑，腹部各节连接处白色。前翅有 1 个小黑点（图 7-5）。［卵］与萍褐摇蚊相似，孵化时为淡褐色。［幼虫］与萍褐摇蚊相似，但体形较粗。［蛹］与萍褐摇蚊相似，体暗绿色。

图 7-5　萍绿摇蚊（成虫）

●萍黄摇蚊：［成虫］体长 2.8 ~ 3.5 毫米，淡黄色。形似蚊子，头小，胸大，足长，腹部似蜻蜓。胸部背面有 3 条黑褐色纵条纹，腹部背面有 5 条黑褐色斑纹。翅薄而透明，无黑斑（图 7–6 ）。［卵］长椭圆形，呈乳黄色，数百粒卵聚集于一卵囊中。［幼虫］体长约 4 毫米，黄白色。无中、后胸足及腹足，腹部末端有数条细长血鳃。［蛹］体长约 3 毫米，淡黄色。体型及其他特征与萍褐摇蚊相似。

图 7–6　萍黄摇蚊（成虫）

　　成虫趋光性强。白天多在稻丛、田边杂草上潜伏。卵囊黏附于莼菜叶上。幼虫在莼菜叶上咬食并能钻入叶内啃食叶肉，至 3 龄以后食量渐增，缀碎片等结茧筑巢，匿居其中，仅伸出虫体前部来回取食叶片。在南方 1 年发生 9 ~ 12 代，以幼虫越冬。4 月中旬越冬代成虫盛发。全年春、夏、秋三季都可危害，以夏季危害最重。

　　防治方法：① 莼菜萌发前用药杀灭越冬幼虫。② 灯光诱杀成虫。③ 发生危害初期用药防治，或用茶籽饼 5 ~ 6 千克，捣碎冲水 25 千克，浸一昼夜，去渣过滤，加水至 75 千克喷雾或加水 200 千克泼浇防治。

　　（2）菱萤叶甲　参照菱的菱萤叶甲。

　　（3）食根金花虫　参照莲藕的食根金花虫。

　　3. 有害生物

　　（1）扁卷螺　危害莼菜的扁卷螺有三种。① 凸旋螺：贝壳扁平而薄，圆盘状，呈灰色、褐色或红褐色。成螺贝壳横径

8 ～ 10 毫米，纵径 1.5 ～ 2.0 毫米，螺层在一个平面上旋转，有脐孔。② 大脐圆扁螺：贝壳呈厚圆盘状，体螺层底部周缘有钝的周缘龙骨。③ 尖口圆扁螺：贝壳呈扁圆盘状，体螺层底部周缘有锐利的龙骨（图 7-7）。

喜欢生活在水生植物丛生的水域中，附着在水生植物的茎、叶或水中落叶上。危害水生作物浮于水面的叶片。全年出现 2 个危害高峰期，即春季 5—6 月和秋季 9—10 月。春、秋季多阴雨天，危害发生重。

防治方法：可选用茶籽饼撒于莼菜塘里防治。

（2）锥实螺　别名耳萝卜螺。贝壳较大，纵径 20 ～ 24 毫米，横径 12 ～ 15 毫米，壳口径 10 ～ 14 毫米。壳质薄，略透明，外形呈耳状。有 4 个螺层，螺旋部极短，尖锐，体螺层膨大。壳面黄褐色或赤褐色，壳口极大，向外扩张呈耳状，外缘薄，易碎。具脐孔，位于轴褶的后边（图 7-8）。

图 7-7　扁卷螺

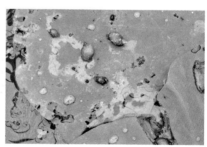

图 7-8　锥实螺

主要危害莼菜叶片，形成缺刻和孔洞，严重时茎亦被啃食。由于锥实螺寿命较长，可达 1 ～ 2 年，因此在 4—11 月均能产卵，全年产卵出现两个高峰，第一产卵高峰在 6 月至 7 月上旬，第二产卵高峰在9月。卵多产于叶背或基部，或在植物附近的某些物体如石块、残叶的表面。

防治方法参照扁卷螺的防治。

（3）**福寿螺**　参照芡实的福寿螺。

（4）**丝状藻类**　危害莼菜的藻类有野生双星藻、水网藻、普通水绵和转板藻属中的一些丝状绿藻等4～5种。以普通水绵为主，藻体为由筒状细胞连接而成的丝状群体。绿色，被有一层黏滑的胶质，不具分枝，常多数成团如同毛发，触摸有明显的柔滑感（图7-9）。

图7-9　丝状藻类

藻类分布的范围极广，对环境条件要求不严，适应性较强。一般以细胞分裂进行繁殖。在5—10月间随时发育生长，以6—8月生长最盛。凡水质差，有机质过多，则有利于发生繁殖。水温过高，追施人畜粪尿也易发生繁殖。

防治方法：① 保持池塘水清洁流动，勿使污水流入池中，切忌追施有机肥，适追化肥。② 结合莼菜采收时，进行人工捞除藻类。③ 在莼菜塘中喷药除藻。

八、菱

（一）栽培价值

菱（*Trapa* spp. L.）古名"芰"，别名菱角、水栗，为菱科菱属一年生蔓生浮叶草本水生蔬菜。

菱在水生蔬菜中是比较容易栽培的种类，只要水位相对稳定，没有大风大浪，有好的水质，无论浅水还是深水（0.5 ~ 3.5米）均可种植，因此，可以充分利用湖泊、池塘、河道、沟渠和低洼田种植。菱果可生食当水果，可炒食做蔬菜，可加工成粉做糕点和滋补品；菱茎、叶可做菜炒食，亦可做家畜饲料。此外，还可与鱼类套养，不占水面，成本低，经济效益高，故深受种植户的欢迎。目前我国每年菱的种植面积约 60 万亩，其中以长江中下游地区栽培居多，江苏省的苏州、无锡，浙江省的嘉兴、湖州，安徽省的巢湖和湖北省的洪湖、孝感、嘉鱼等地种植的面积最大，品种又多，品质亦好，如苏州的水红菱、无锡的大青菱、嘉兴的南湖菱、湖北的乌菱、安庆的两角早红菱、巢湖的红绣鞋等都是著名的优良品种。

据《中国传统蔬菜图谱》介绍，100 克菱鲜样可食部分中含蛋白质 3.6 克、脂肪 0.5 克、碳水化合物 24.0 克、粗纤维 1.0 克、维生素 C 5.0 毫克、胡萝卜素 0.01 毫克、维生素 B_1 0.23 毫克、维生素 B_2 0.05 毫克、烟酸 1.9 毫克、钾 140.0 毫克、钠 11.0 毫克、钙 9.0 毫克、镁 27.0 毫克、磷 49.0 毫克、铁 0.7 毫克、热量 480

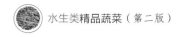

千焦耳。

菱的全身都是宝，果实、叶、壳、茎、蒂均能入药。菱的主要药用成分为麦角甾四烯 4,6,8（14）,22 酮 –3。菱生食能消暑解热，除烦止渴，熟食能益气健脾。据《本草纲目》记载，菱有"安中补五脏，不饥轻身"之功效，"和蜜饵之，断谷长生"；"粉食，补中延年"。又据《本草纲目拾遗》记载，菱粉能"补脾胃，强脚膝，健力益气，行水，去暑，解毒"。菱壳煎汤内服，有止泄泻、防脱肛、除痔疮等功效，外用对黄水疮、疔肿等症有缓解作用。茎有祛风利湿之功效。但因菱"生食性冷利，多食伤脏腑，损阳气痿"，故不宜过多生食。

（二）生物学特性

1. 形态特征

（1）根　为次生根，分为弓形幼根、土中根和水中根 3 种。种菱萌发后，在发芽茎上抽生胚根。胚根基部较粗，尖端逐渐变细，弯曲成弓形，并从上生出须根多条，扎入土中，另外在靠近土壤的茎节上还可生长丛生不定根，长达数十厘米，并从土中吸收养分，即土中根。在菱茎的各个节上还会生成叶状根，即水中根，它含有一定的叶绿素，参与光合作用和吸收水中养分。

（2）茎　菱茎分为发芽茎、水中茎和短缩茎 3 种。菱种子萌发先长出种茎，亦称发芽茎，长 10 厘米左右，然后从上抽生 2 条主茎和幼根。主茎蔓生，细长，生长迅速，随水位上升，可达 3～4 米，在近水面处主茎上还可产生二级分枝、三级分枝等。主茎和分枝长到水面后节间缩短，密集，形成短缩茎，出水叶片在茎上轮生，形成盘状叶簇，俗称"菱盘"，为光合作用的主要器官。菱盘一般由 25 ~ 40 张功能叶片组成，直径 25 ~ 45 厘米。在生长盛期，每个菱的分枝顶端均可形成菱盘一个，并浮于水面。

（3）叶　菱叶分为初生叶、过渡叶和定型叶 3 种。初生叶狭长，先端 2 ~ 3 裂或全缘，无叶柄，随后水中茎节上着生过渡叶（又称菊状叶），狭长形，先端 2 ~ 3 裂，上部渐宽，基部楔形。接近水面时，逐渐变为长菱形，上部缺刻增多。叶片出水后成为定型叶，亦称功能叶。功能叶菱形至三角形，长宽各 5 ~ 9 厘米，叶面有光泽，角质层发达，叶背淡绿色，密被短绒毛。叶片基部全缘，中上部有疏锯齿。叶具长柄，柄长 5 ~ 13 厘米，中部膨大呈纺锤形，组织疏松，内贮空气，称为浮器，可将叶片稳定浮于水面。

（4）花　菱的花较小，白色，成对着生于菱盘的部分叶腋中，自下而上依次发生，隔数叶着生花 1 朵。花两性，白色或粉红色，萼片、花瓣、雄蕊各 4 枚，雌蕊 1 枚。花出水面开放 1 ~ 2 天，授粉受精后没入水中。子房半下位，2 室，胚珠下垂，每室 1 个，其中结实时一个发育成种子，另一个退化。菱的开花时间多在傍晚或凌晨。

（5）果实和种子　菱的果实称为菱角，一般具有 2 ~ 4 个角，亦有无角菱。外果皮薄而柔软，有绿、白绿、鲜红、紫红等多种颜色，当果实老熟后从离层脱落。内果皮革质，幼时较软，老熟时坚硬。果顶有一发芽孔，四角有刚毛。菱的角由花萼发育而成，因品种而异呈平伸、上翘或下弯。有的品种则退化，仅存遗痕。果实内有种子 1 枚，种皮薄软，内含 2 枚不对称的子叶和种胚，即菱肉（又称"菱米"）。菱角既是食用产品，亦是繁殖器官。

2. 生长发育过程

菱的生长发育分为萌芽期、菱盘形成期、开花结果期和种子休眠期等 4 个时期。下面以江苏省菱的栽培为例分述。

（1）**萌芽期（4 月上旬至下旬）** 当春季旬均气温在 13 ~ 16 ℃时，菱的种子开始萌动，胚根和下胚轴生长伸出发芽孔，形成发芽茎，并从上抽生 2 条主茎和幼根，形成幼苗。

（2）**菱盘形成期（5 月上旬至 10 月下旬）** 此期亦称营养生长旺盛期。当旬均气温在 16 ~ 29 ℃时，菱的主茎生长加快，并迅速形成二级、三级分枝，在茎顶形成菱盘。菱盘多少及叶片大小决定其结菱数量和产量。

（3）**开花结果期（7 月下旬至 10 月下旬）** 此期旬均气温在 16 ~ 29 ℃，长满水面的菱盘开始拥起，菱叶由贴水而转为向上斜长挺出水面，菱叶间形成花蕾，并开花、结果。这时期是形成产品和产量的关键时期，日夜温差大有利于养分的转化和积累。

（4）**种子休眠期（11 月上旬至翌年 3 月下旬）** 此期旬均气温由 16 ℃降至 3 ℃，菱角植株生长逐渐停止。低于 5 ℃，叶片枯死，种子脱落在水中泥土里，自然休眠，越冬。

3. 对环境条件的要求

（1）**温度** 菱为喜温性植物，不耐霜冻。当气温达到 13 ℃以上时种子开始萌动，其营养生长和生殖生长的适宜温度为 16 ~ 29 ℃，其中 20 ~ 29 ℃更有利于结果。温度过高会影响开花、结果，低于 16 ℃生长逐渐停止，低于 5 ℃叶片枯死，低于 0 ℃种子受冻，影响其发芽。

（2）水分　菱的生长主要在水下，因此生长期需保持稳定的水位。一般苗期水浅，随着茎的生长，水位亦应增长。生产上应注意不同品种对水位深浅的不同要求，并防止暴涨暴落。同时还应注意水质，防止污染，影响产量和产品品质。

（3）土壤　菱的土中根为须根，是吸收养分的主要器官，因此要求土壤松软、肥沃，土层20厘米以上，氮、磷、钾养分搭配，结果期适当增施磷钾肥将有利于增强植株抗病性和抗逆性，增加结果数，果实大，品质好。

（4）光照　菱的生长要求有充足的光照，不耐阴。大部分品种在长日照条件下有利于茎叶生长，而短日照条件下则有利于开花结实。

（三）主要品种

1. 水红菱

江苏省苏州市地方品种，以石湖水红菱最为著名。早中熟，不耐深水，亩产600千克左右。菱盘开展度在30～40厘米，菱采收期叶片数为35～45片，浮于水面健叶30片左右。果实鲜红色，四个角，顶角长1厘米，腰角长1.5厘米，扁尖；果高2.5厘米，宽3.0厘米，长4.1厘米，单果重20克。每盘菱结果6～8只，果壳较薄而果肉质地较嫩脆、水分多、微甜，宜生食（图8-1）。

图8-1　水红菱

2. 胭脂菱

又名早红菱、蝙蝠菱，江苏省南京市地方品种，浙江省、安徽省亦有种植。早熟，浅水栽培，一般亩产 400 千克左右。果型中等，两角平伸，角尖较钝，果皮水红色，单果重 14 克左右，菱肉质细、面。

3. 巢湖大红菱

又名红绣鞋、荷包菱，安徽省巢湖地方品种。中晚熟，一般亩产 700 千克左右。分枝性中等，菱盘开展度 38 厘米左右。叶片近菱形，长 5.5 厘米，宽 7.0 厘米；果实两角，平伸，单果重 20 克左右；果皮紫红色、较薄，果肉质松，宜生食和熟食。可深水栽培，耐热性强，较抗病，抗风浪中等（图 8-2，图 8-3）。

图 8-2　巢湖大红菱（果实）　　　图 8-3　巢湖大红菱（植株）

4. 南湖菱

又名无角菱，浙江省嘉兴市地方品种。中早熟，亩产 500 千克左右。菱盘开展度 40 厘米左右，菱采收期叶片数为 40 片，浮于水面健叶 30 多片。叶片长约 6.0 厘米，宽约 8.5 厘米，菱形，淡绿色，叶缘齿形，叶顶端稍尖。果实半圆形，无角或少有微突的两角或四角，一侧较平，一侧突鼓起，果高 2.5 厘米，宽 4 厘米，厚 2 厘米，单果重 14 克。每盘结果 6 ~ 8 只，果壳较薄，嫩菱皮淡绿色，水分多、质脆，味稍甜，可生食。老菱皮黄白色，熟食质粉味香。

5. 两角红菱

早熟，亩产菱角 500 千克左右。果两角，果皮紫红色，平均单果重 12 克；果肉甜脆，可生食或菜用，品质好。

6. 两角大青菱

晚熟，亩产菱角 500 千克左右。果两角，果皮青绿色，壳较厚硬，平均单果重 23 克；果肉淀粉含量高，品质好，宜熟食。

（四）栽培技术

1. 露地栽培

（1）选择水面　种菱要求选择风浪不过大而水流动，底土比较松软、肥沃的河湾、湖荡、沟渠、池塘等；浅水菱水深 0.5 ~ 2.0 米，深水菱水深 3 ~ 4 米，水质要求不过肥、无污染。

（2）合理播种　菱栽培一般采用直播或育苗移栽 2 种方法，浅水河、湖多采用直播，3 ~ 4 米水深菱塘则采用育苗移栽。

●催芽：3 月上旬至 4 月初当气温回升，菱种发芽，芽长 1 厘米左右时将种菱起出，经漂选，挑去烂菱、嫩菱后播种。

●清塘：播种前要求用菱䕡（等腰三角形木架，底边长 1 米，上加梳子形竹齿，木架顶系绳，以便拖拉）在水底拖拉清除野菱、水草、青苔等，对较长的水草则用两根细长竹竿绞捞，以防止播种后杂草危害。田菱也可用除草剂清除。

●播种：菱播种分为撒播和条播 2 种，但撒播用种量大，不便水面操作管理。

条播方法是根据菱塘地形，划成几个纵行，在两头插立竹竿作为标志，中间用锦纶丝拉线，顺线条播。根据不同品种及菱塘土质、肥水条件而异。一般早熟品种行距较密，播种量较大；而晚熟种行距大，播种量少；菱塘土肥宜稀播，土瘦则密；新菱塘则稀，重茬菱塘则密。常用密度为早熟种（水红菱等）行距 2 ~ 3 米，亩播种量 12 ~ 15 千克；中晚熟种行距 3 ~ 5 米，亩播种量 10 ~ 12 千克。

菱应每年清塘和播种，防止品种混杂退化。

●移栽：深水菱塘种菱应事先育苗，育苗应选择避风向阳、水位较浅（1 ~ 2 米）、排灌方便、土壤肥沃的池塘或鱼塘，播种前放干塘水晒垡，促使塘土风化。播前放水，深 0.5 米左右，以后随菱苗生长逐步加深水层，以适应深水栽培。

到 5 月下旬至 6 月上旬时，育苗菱种已经分盘，但叶片尚软还未直立变硬时应及时移栽，起菱棵时防止用力过猛而拉断菱棵，起出的菱棵每 8 ~ 10 株下部用绳捆为一束，顺序放在船上，并用菱叉（5 米左右竹竿上装有小铁叉）叉住菱束绳头按栽植距离逐束插入水底土中。菱棵长度与菱束长度的和应与水深基本相等，这样菱苗可直立水中，易于成活。菱盘密度以 7 月下旬至 8 月上旬菱盘碰满水面为宜，行株距一般为 2.5 米 ×2.0 米。

（3）扎垄防风　当菱苗出水或移苗后需立即扎菱垄防风浪冲击和杂草漂入菱塘。方法是菱塘外围用毛竹打桩，间距 10 米左右，竹桩长度以入土 30 ~ 50 厘米、出水 1 米为宜，竹桩间拉锦纶绳，并间隔 30 厘米左右在绳上呈"十"字形捆绑水花生或水蕹菜（菱采收结束应及时清除出水面）。

（4）**清除杂草** 菱塘中常见杂草有荇菜、水鳖草、青苔、槐叶萍等，发现后应及时清除。条播者在菱盘未封行前用菱篦在行间来回拖拉，同时拔除心叶较尖、叶片无光泽的野菱。

（5）**适时追肥** 为了提高菱的产量，改进品质，适施草塘泥和追施复合肥或根外喷肥很有必要。尤其老菱塘常年不施肥将造成菱年年减产。因此，肥力不足的菱塘可以在播种前亩撒施草塘泥 2 000 ~ 3 000 千克，在菱始收期顺菱盘间撒施氮磷钾三元复合肥 15 千克并随治虫喷药（图 8-4）。

图 8-4 水红菱基地

（6）**及时采收** 8 月下旬至 9 月上旬开始陆续采收，始收期一般每 7 天采收 1 次，盛收期 3 ~ 4 天采收 1 次，至 10 月下旬结束。及时采收可以提高后期产量和总产量，并获得较好的品质。生食菱采收标准为果实硬化，果皮颜色鲜艳（如鲜红色或淡绿色），用指甲可掐入果皮，果肉嫩、脆，菱角可浮于水面。熟食菱采收标准为果实充分硬化，果皮颜色较暗（如紫红色、褐色等），果柄与果实的连接处出现环形裂纹，果尖突现，果实容易脱落，果实重而沉水。浅水菱可穿水裤直接从行间下田采收，深水菱应用菱桶或小船采收。采菱时要做到"三轻""三防"，即提盘轻、摘菱轻、放盘轻；防猛拉菱盘，植株受伤；防速度不一，老菱漏采；防老、嫩不分，采摘不净。采下的菱应立即浸入水中存放，防止高温、日晒变质。

2. 大棚栽培

浙江省金华市农业科学研究院和义乌市种植业管理总站在金华市率先利用大棚种植早熟菱，提前于5月初上市，实现了产量、产值双丰收，填补了早春市场空白。

（1）田块选择　宜选水源充足，水质洁净，高温时有冷水资源的田块，如水库下游。

（2）品种选择　宜选早熟、糖分含量高、优质、大果型抗病品种。

（3）播前准备　播前除草，亩施新鲜熟石灰100千克，氮磷钾三元复合肥10～15千克，耕翻整地。

（4）扣棚育苗　12月中旬至翌年1月中旬准备苗床，1月下旬盖棚。每平方米播种0.5～0.7千克，水位5～10厘米，棚温保持在13℃以上。

（5）适时定植　定植前亩施氮磷钾三元复合肥35千克，钙镁磷肥 50 千克，耕翻整地。3 月中旬当主茎菱盘形成后即可定植，每平方米 2 ~ 3 株。

（6）肥水管理　①3 月中下旬，植株进入旺盛生长期，亩施氮磷钾三元复合肥 10 千克；开花结果期叶面喷施 0.2% 磷酸二氢钾，共 3 ~ 4 次，每次间隔 10 ~ 15 天；果实采收旺季，每月施氮磷钾三元复合肥 20 ~ 30 千克。②定植前保持水位 10 ~ 20 厘米，初花后，水位增至 30 ~ 40 厘米，果实采收旺季，宜用流动洁净的冷水灌溉。

（7）温度管理　当棚内温度达 30 ℃以上时，及时通风降温；棚外气温稳定在 20 ℃以上时揭膜。

（8）疏理菱盘　田间菱盘过密时要及时疏理，一般每平方米保留 30 厘米直径的菱盘 15 个。

（9）及时采收　采收标准参照"露地栽培"，采后及时冲洗。一般前期 3 ~ 5 天采摘一次，盛期 2 天采摘一次，后期 5 ~ 7 天采摘一次。大棚菱产量可比露地栽培增加 50% 左右。

（五）种苗繁育

在菱盛果期，即第 3、第 4 次采收时选留种最适宜，要选用本品种固有特征、形态整齐、皮色深、无病虫害、壳薄肉厚、充实饱满的老熟菱（即果实背部与果柄分离处有 2 ~ 3 个同心花纹）留种。

菱种一般都采用吊水中贮藏。于 10 月下旬用柳条筐或锦纶编织袋包装，每筐（袋）50 千克左右，吊挂在水中毛竹架上。一般水深 30 厘米左右，上不露水面，下不着泥，保持活水流动。

注意防止菱种受冻。由于菱种在贮藏中要损耗 30% 左右，因此留种时应根据翌年播种面积适当多留一些。

（六）主要病虫害防治

1. 病害

（1）**菱白绢病** 又称菱瘟，主要危害叶片、叶柄和浮在水面的菱角。叶片染病初呈现淡黄色至灰色水渍状斑点，后不断扩展成圆形至不规则形斑，严重的可扩展到全叶；叶背生出白色密集菌丝和茶褐色小菌核，几十粒至百余粒，造成叶或整个菱盘腐烂。叶柄染病，多腐烂脱落。果实染病，幼果多腐烂。

以菌核或菌丝体在菱塘四周杂草、随病残体遗留在土中越冬。通过杂草及病菌漂浮、菱萤叶甲等传播。田间 5—6 月开始发病，7—8 月高温季节发病重。高温高湿、高温大暴雨或连阴雨后突然放晴易发病。生产上偏施氮肥，植株过于茂密，杂草丛生或连作菱塘及污水菱塘发病重。

防治方法：① 采菱后及时清除病残株、铲除塘内杂草，集中深埋或沤肥。② 施用充分腐熟的有机肥或经酵素菌沤制的堆肥，避免过施氮肥。③ 保持洁净微流动活水，严禁串灌、漫灌，及时防治菱萤叶甲。④ 在发病前或发病初期喷药防治。

（2）**菱纹枯病** 主要侵害叶片，水中的菊状叶或浮出水面的出水叶皆可被害。病斑圆形或椭圆形至不定形，褐色，具云纹，病健部界限明晰，病斑扩大并联合，致使叶片腐烂枯死，病部上可见菌丝缠绕和由菌丝纠结形成的菌核（图 8-5）。

图 8-5　菱纹枯病

主要以菌核散落土中或以菌核及菌丝体在病残体、杂草等寄主上越冬。菌核具浮沉性，可随灌溉水传播。时晴时雨及高温高湿的天气有利于病菌的繁殖和侵染，8—9 月发病重。菱田偏施氮肥易染病。

防治方法：① 根据菱各生育期的需要合理进行肥水管理，施足腐熟有机肥，追施氮磷钾三元复合肥，适当增加磷钾肥比例。水层要求深浅适度。② 在病害始发期、开花期均进行喷药防治。喷药时可结合营养素和肥料一起施用。

（3）菱褐斑病　主要危害菱叶，初在叶片边缘产生不明显的淡褐色小斑点，后病斑逐渐扩大成圆形或不规则形，深褐色，病斑直径 4 ~ 5 毫米，天气潮湿时病斑上可见黑褐色霉层（图 8-6）。

图 8-6　菱褐斑病

以菌丝体在病残体内越冬。可借助风雨传播蔓延。夏秋两季多雨易发病；菱塘肥力不足，菱盘瘦小有利于发病。

防治方法：① 采菱后及时清除病残株，集中深埋或沤肥。② 施用腐熟的有机肥或经酵素菌沤制的堆肥，适当增施磷钾肥。菱塘水质要清净流动，防止污水流入。③ 在发病初期用药防治。

2. 虫害

（1）菱萤叶甲 ［成虫］体长5毫米左右。褐色，被有白色绒毛，头顶后颊部黑色。触角丝状。复眼突出。前胸背板两侧黑色，中央具一"工"字形光滑区，小盾片黑色。鞘翅折缘黄色。腹部第5节后缘中央有一缺口。［卵］近椭圆形，橙色。上有圆形网络状突起的卵纹。卵端出现一圆形红斑。［幼虫］老熟时体长6~9毫米。蛴形，体12节。胸节中央具一纵沟，胸足末节具一爪和一吸盘；各腹节背面具一横褶，最末一节腹突特大，背板后缘具刚毛一排10根。［蛹］裸蛹，体长5.0~5.5毫米，暗黄色。两侧有黑色气门6对，尾端常被老龄幼虫残皮所包裹。

成虫、幼虫均能取食，嗜食菱、莼菜。以成虫在茭白、芦苇的残茬及杂草和塘边土缝内越冬。卵喜产在菱盘的中层叶片正面。在江浙一带全年可发生7~8代。第1代发生在5月初至6月上旬，第2代发生在6月上旬至7月上旬，第3代发生在6月底至7月中旬，第4代发生在7月中旬至8月上旬，第5代发生在8月上旬至9月上旬，第6代发生在8月下旬至9月下旬，第7代发生在9月下旬后，10月下旬成虫陆续迁入越冬场所越冬。全年以6月中旬至7月中旬危害最重，也是第2、第3代的世代。凡梅雨季节雨量少，7月温度偏低，阵雨少，发生就重。

防治方法：① 秋后（10月上旬）及时处理菱盘，冬季烧毁河、塘边菱角残茬，铲除岸边茭草、蒲草、芦苇等杂草，可杀灭越冬成虫。② 采取"狠治第 2 代，补治第 3 代"的防治策略，掌握在幼虫 1 ~ 2 龄期，以上午 8—9 时或下午 3—4 时施药最佳。

（2）菱紫叶蝉　［成虫］体长 4.5 毫米左右。紫色，头顶有 2 个黄斑点，颜面为黄色，两边各有 3 ~ 5 条褐色横纹。前翅紫色，在前缘中部有一椭圆形淡蓝色斑。腹部为黄白色，每节侧板上有一褐色斑点。［卵］香蕉形，白色透明。卵帽长条形。卵色逐渐变黄，出现橘红色眼点。［若虫］体紫色，腹部背面节间及腹部色浅（图 8-7）。

图 8-7　菱紫叶蝉

成虫、若虫嗜食菱叶。在江浙一带全年发生 6 代。第 1 代在 5 月初发生，第 2 代发生在 6 月上旬至 7 月初，第 3 代发生在 7 月上旬至下旬，第 4 代发生在 7 月下旬至 8 月中下旬。在 10 月下旬至 11 月上旬，菱盘枯黄后，成虫即迁入河塘边莎草科杂草水毛花、栖霞藨草上产卵，卵在其棱茎中越冬。凡塘边莎草科杂草多，菱生长旺盛郁青，易发生危害，6 月梅雨少，旱黄梅有利于病害发生。

防治方法：① 清除河边、塘边、沟边的杂草，尤其是莎草科杂草，可减少越冬虫源。② 用药防治。

（3）锥实螺　参照莼菜的锥实螺。

（4）扁卷螺　参照莼菜的扁卷螺。

（5）福寿螺　参照芡实的福寿螺。

九、豆瓣菜

（一）栽培价值

豆瓣菜（*Nasturtium offcinale* R. Br.）又名"西洋菜"，属十字花科水田芥属，为二年生或多年生草本蔬菜。

豆瓣菜的栽培历史虽短，但因其茎叶鲜嫩，青翠，可凉拌、炒食，尤以做汤，色、香、味俱佳，且栽培技术较为粗放，产量高，故在我国华南地区种植较普遍，并有向长江流域和西南地区发展之趋势，目前我国栽培面积2万亩左右。由于豆瓣菜茎叶柔嫩，含水量高，不耐贮运，因此目前仍是就地生产，就地销售。今后随着科技进步，豆瓣菜可发展深加工，如开发速冻产品等，以扩大产品的市场流通等。

据《中国传统蔬菜图谱》介绍，100克豆瓣菜鲜样可食部分中含蛋白质0.9克、脂肪0.1克、碳水化合物1.0克、粗纤维0.3克、维生素C 80.0毫克、胡萝卜素4.67毫克、抗坏血酸50.0毫克、钾69.0毫克、钠1.4毫克、钙158.0毫克、镁8.5毫克、磷16.2毫克、铜0.04毫克、铁0.4毫克、锌0.16毫克、热量37.6千焦耳。

豆瓣菜的主要药用成分为芥子油、维生素E等，有清热化痰、润肺止咳、利尿通便之功效。

（二）生物学特性

1. 形态特征

（1）根　为须根系，较细，入土较浅，在茎的基部近土处易生不定根。初生根白色，后转为黄白色。

（2）茎　豆瓣菜的茎匍匐生长或半匍匐生长，长 30 ～ 40 厘米，直径 0.4 ～ 0.6 厘米，中空，多节。各节位叶腋中易抽生分枝，并在分枝上再生分枝，形似丛生。

（3）叶　在茎上互生，每节着生一羽状复叶，奇数，长 8 ～ 12 厘米。叶柄长 2 ～ 3 厘米，有小叶 1 ～ 4 对，小叶近圆形或卵圆形，长 2.0 ～ 3.5 厘米，宽 2 ～ 3 厘米，叶尖钝形或微凹，叶缘全缘成浅波状，基部平；叶柄基部成耳状抱茎，绿色或深绿色，遇低温时转为暗紫色。

（4）花　为总状花序，完全花，从茎或分枝顶端抽生，长 8 ～ 15 厘米，白色，较小。花瓣 4 枚，倒卵形，长 3.0 毫米，宽 1.5 毫米；萼片长卵形，长 2.5 毫米，宽 1.0 毫米，呈“十”字形；有雌蕊 1 枚，雄蕊多枚。

（5）果实和种子　豆瓣菜的果实为荚果，荚果长 1.5 ～ 2.0 厘米，内含种子 30 ～ 40 粒，易开裂。种子棕褐色，较细小，扁椭圆形，千粒重 0.15 克左右。

2. 生长发育过程

豆瓣菜的生长发育在长江中下游地区可分为幼苗期、秋季茎叶生长期、越冬缓慢生长期、春季茎叶生长期、开花结果期和越夏缓慢生长期等 6 个时期。现以江苏省栽培为例简述。

（1）幼苗期（8 月下旬至 9 月中旬）　旬均气温由 27 ℃开

始降至 23 ℃，种子播种后，萌芽生长并形成根、茎、叶齐全的植株。而种茎繁殖者，各节上的休眠芽萌发形成新的独立的根、茎、叶齐全的植株。

（2）秋季茎叶生长期（9月下旬至 12 月下旬）　旬均气温从 21 ℃逐渐下降至 5 ℃，冷凉的气候有利于豆瓣菜的生长。

（3）越冬缓慢生长期（翌年 1 月上旬至 2 月下旬）　此期旬均气温已低于 5 ℃，植株基本停止生长，在避风向阳田块仍可缓慢生长。遇严寒冰冻时地上部冻死，至气温回暖时再从根茎部重新萌芽生成新株。

（4）春季茎叶生长期（3 月上旬至 6 月上旬）　旬均气温从 7 ℃逐渐升高至 23 ℃，植株开始萌芽，抽生茎叶至全面恢复和加快生长。

（5）开花结果期（4 月下旬至 6 月上旬）　旬均气温从 16 ℃上升至 23 ℃，植株在茎叶分枝和生长的同时，日照由短转长，开花型品种开始抽薹开花，授粉、受精和结荚，随后营养生长基本停止，直至荚黄、种子成熟，植株枯黄。不开花型品种此时生长也逐渐转缓直至基本停止。

（6）越夏缓慢生长期（6 月中旬至 8 月中旬）　旬均气温上升至 24 ~ 29 ℃，开花型品种采收种子，待秋季重新播种。亦可选留部分植株，加强管理，秋季再萌生新株。不开花型品种的生长亦基本停止，部分茎叶开始枯黄，而部分健壮茎节的叶腋中形成腋芽，进入休眠状态，越夏。

3. 对环境条件的要求

（1）温度　豆瓣菜喜冷凉的气候条件，生长适温在 20 ℃左右。高于 25 ℃ 和低于 15 ℃ 生长缓慢，低于 5 ℃ 完全停止生长，0 ℃ 以下茎叶受冻，超过 35 ℃ 茎叶发黄，甚至枯死。

（2）水分　豆瓣菜为浅根系植物，喜在浅水条件下生长，生长期一般水深在 5 厘米左右。水位过深，其茎上易生不定根，叶片变黄，影响产品质量；过浅，新茎易老化。

（3）土壤　要求肥力中等以上的壤土或黏壤土，施用腐熟有机肥，营养生长时期以施氮肥为主，苗期和开花结果期适施磷钾肥。

（4）光照　豆瓣菜生长要求中等强度光照，较有利于光合作用和养分制造。强光照往往伴随着高温，不利于植株生长。同时，豆瓣菜亦能在大棚等保护地条件较弱的光照下生长，但叶片较大，稍薄。豆瓣菜是长日照作物，在长日照条件下开花结实。部分不开花品种则表现营养生长缓慢，甚至停止生长。

（三）主要品种

1. 大叶豆瓣菜

又名广西豆瓣菜、百色豆瓣菜。广西壮族自治区百色地区主栽品种，已有 30 多年栽培历史。一般亩产 3 000 ~ 4 000 千克，高产者达 7 000 千克。植株半匍匐生长，丛生，株高 40 ~ 50 厘米，茎直径 0.4 ~ 0.5 厘米。奇数羽状复叶，小叶近圆形，较大，直径 2 厘米左右，叶面深绿色，遇低温不易变色（图 9-1）。生长快，产量

图 9-1　大叶豆瓣菜

高，长江流域春季开花结果，以种子繁殖为主，亦可用母茎无性繁殖。

2. 小叶豆瓣菜

又名广东豆瓣菜。广东省广州市、中山市均有栽培，有60余年历史。一般亩产 2 500 ~ 3 000 千克，高产者达 5 000 千克。植株半匍匐生长，丛生，株高 30 ~ 40 厘米，茎直径 0.5 ~ 0.6厘米。奇数羽状复叶，小叶卵圆形，较小，叶面深绿色，遇低温茎叶转为紫红色（图 9-2）。长江流域春季可开花、结荚，但一般不结籽，其植株茎节处发根和分枝较多，适应性强，用母茎无性繁殖。

图 9-2　小叶豆瓣菜

（四）栽培技术

豆瓣菜在我国主要在广东、广西等南方地区栽培，近年来引入长江中下游地区，现以该地区大叶豆瓣菜的相关栽培技术进行介绍。

1. 育苗

（1）苗床准备　8 月下旬至 9 月上旬选择灌排方便的水田，亩施腐熟有机肥 1 500 千克，翻耕后平整做畦。畦宽 1.0 ~ 1.2米，操作沟宽 40 ~ 50 厘米。

（2）**播种**　豆瓣菜种子极小，可拌细土后撒播。种子撒播后，畦面保持湿润，灌水时以不淹过畦面为宜，3～4天后种子即可萌芽出苗。至9月下旬苗长到10～12厘米时可移苗定植。对于无性繁殖品种，上述秧田做好后，将留种田的植株茎蔓扦插，行距10厘米，株距5～6厘米，经20～30天苗高10～15厘米时定植大田。

2. 定植

豆瓣菜根系较浅，产量高，要求土层松软，需肥量大，因此定植田块同样要求土地平整，灌排方便，贮水性好。耕翻前每亩施足腐熟有机肥2 000千克或氮磷钾三元复合肥30～40千克，耕翻后做畦，畦宽1.0～1.2米，操作沟宽40～50厘米，然后将秧苗按行穴距15厘米×12厘米定植，每穴种2～3株。

为扩大繁殖，待植株爬蔓后，亦可割下老茎扦插。一般将茎基部2～3节斜插入土中，深2～3厘米，以利于生根发棵。移栽后保持水层1～2厘米，7天左右可生根成活。

3. 田间管理

（1）**水分管理**　秧苗定植后，田间经常保持1～3厘米浅水。同时，因10月底以前气温较高，为便于植株生长，防止茎叶腐烂，应注意经常更换田水。10月底以后，气温下降，田水随之加深至3～5厘米，至12月冷空气来临时水层还可适当加深，但注意植株顶部应露出水面。

（2）**温度管理**　豆瓣菜植株遇到低温时茎叶发紫，影响生长和品质，甚至停止生长。因此，生产上除以水层调节保温，用聚乙烯薄膜覆盖也是较好的办法，可采用小棚薄膜覆盖，薄膜厚

0.04 ～ 0.06 毫米。但大棚覆盖更有利于保温和棚内操作，薄膜厚 0.08 ～ 0.10 毫米。由于薄膜覆盖后棚内升温快，应注意适当揭盖放风，使棚温保持在 15 ～ 25 ℃。此外，豆瓣菜在越夏时遇到高温影响植株生长，采用遮阳网覆盖可以延长其采收期，提高产量。

（3）肥料管理　豆瓣菜是多次采收的，因此除施足基肥，每次采收后还可每亩适当追施尿素 4 ～ 5 千克（图 9-3，图 9-4）。

图 9-3　露地栽培的大叶豆瓣菜

图 9-4　大棚栽培的大叶豆瓣菜

4. 适时采收

当豆瓣菜长到 20 ～ 25 厘米时，可陆续采收（图 9-5）。一般直接采收嫩梢，清洗干净，整理后捆把或装盒销售。无性繁殖种苗定植后 30 天左右采收，种子繁殖的种苗 40 天左右采收，以后一般间隔 30 天左右采收 1 次。冬季 1—2 月采用薄膜覆盖 40 天左右采收 1 次，露

图 9-5　田间生长的大叶豆瓣菜

地栽培则植株停止生长，不宜采收。长江中下游地区露地栽培冬前一般从 10 月中下旬开始，至 12 月中下旬为止，共采收 2 ～ 3 次。冬后 4 月上中旬开始，至 6 月上中旬结束，亦采收 2 ～ 3 次。全年产量每亩 3 000 ～ 4 000 千克。华南地区则从 10 月下旬开始采收，到翌年 4 月，共采收 5 ～ 6 次，全年产量每亩高达 5 000 ～ 9 000 千克。

> 豆瓣菜的须根较发达，采用浮板式营养液栽培可以取得较高的产量和品质。即将豆瓣菜幼苗或老茎栽于浮板孔内，根浸入流动的营养液里，株距 15 ～ 20 厘米，随植株生长可不断采收。同理，豆瓣菜也可在肥水田或沟渠里用浮排栽培。

（五）种苗繁育

大叶豆瓣菜在长江中下游地区可以正常开花结果，故以种子繁殖为主。2 月中旬后天气回暖，在越冬田中选择茎秆粗壮，叶片大，抗病、耐寒的植株移栽至留种田里，灌以浅水。至 3 月下旬始，陆续孕蕾开花，4—5 月结荚，5 月下旬至 6 月上旬荚果和种子成熟（图 9-6）。由于荚果成熟期不一，且成熟后荚果易开裂，故应选择荚色变黄、种子黄褐色的荚果于早晨采收，并晾晒 1 ～ 2 天后脱粒、干燥、保存。为提高种子产量和质量，可在蕾期和结荚期每

图 9-6　大叶豆瓣菜的花和荚

亩追施氮磷钾三元复合肥10千克，并可叶面喷施0.2%硼酸。一般每亩采种量4～5千克。此外，也可将留种植株移栽在旱地采种，但应经常保持土壤潮湿。

小叶豆瓣菜在长江中下游地区可以开花但不结实，故以种茎进行无性繁殖。2月中旬天气回暖，在越冬田中选择茎秆粗壮并具有品种特征特性、抗病、抗逆性强的植株移栽至留种田里。留种田里做畦宽1.2米，沟宽40厘米，深20厘米，畦面平整，按行株距20厘米×15厘米种植种株，或扦插枝条。沟内灌半沟水，以此渗润畦土。高温时在畦面上1.5米左右搭架，用遮阳网或稀疏芦帘遮盖，避去强光，并注意疏除过密枝条。沟内经常换水，畦面早晚淋水，以降低畦温，保证留种株安全越夏。

（六）主要病虫害防治

1. 病害

（1）豆瓣菜褐斑病　主要危害叶片。叶片上病斑半圆形、圆形或椭圆形，直径3～5毫米，褐色，具明显或不明显轮纹。潮湿时，病部可见暗灰色薄霉层。病斑可连合为小斑块，其上病症多不明显，严重时病斑密布，致使叶片干枯。

以菌丝体和分生孢子在病叶或病残体上越冬。可借气流或雨水溅射传播。南方不存在越冬而只存在越夏问题，越夏场所多为遗落田间的病残体，或旱地留种株上。种植季节天气温暖多湿或偏施过施氮肥有利于发病。

防治方法：①避免偏施过施氮肥。②重病区及早用药防治。

（2）豆瓣菜丝核菌病　主要危害叶片和茎。叶片病斑椭圆形至不定形，灰褐色至灰绿色或灰白色，多从叶尖或叶缘始侵害，空气相对湿度大时斑面出现蛛丝状霉。发病严重的叶片枯白。茎部染病产生褐色不定形斑，病情严重可绕茎一周，致使茎部缢缩、变褐色黏性，其上产生较明显的白霉，后期病部可见茶褐色萝卜籽状的菌核，最后全株倒折，萎蔫死亡（图9-7）。

以菌丝体或菌核在土壤、田间杂草或其他寄主上越冬。借水流或灌溉水传播。通常早春至初夏天气温暖，降水多，雾露重，有利该病发生。偏施过施氮肥，植株长势过旺，发病重。

防治方法：① 选择好田块，勿与前茬水稻田连作，尤其是纹枯病发生重的田块。② 避免偏施过施氮肥。③ 避免长期灌深水，要适时适度搁田，促进根系发育。④ 发病初期喷药防治。若在喷药前后各排水搁田1～2天，则防病效果更佳。

（3）豆瓣菜花叶病毒病　该病由黄瓜花叶病毒和芜菁花叶病毒侵染造成，在各个生育期均可发病，常表现为花叶、坏死斑和畸形3种类型病症状（图9-8）。

图9-7　豆瓣菜丝核菌病　　　图9-8　豆瓣菜花叶病毒病

●花叶型：植株系统染病，由下向上叶片呈淡绿色与黄绿色相间的斑驳，或出现网状花叶，病株轻度畸形，叶柄扭曲，叶片均向下呈勺状扣卷，较短时间内病株即枯黄坏死。

●坏死斑型：染病植株中下部叶片上出现许多不规则红褐色坏死小斑点，其边缘常具有黄色晕圈，病叶亦向下反卷，随着病情发展多个病斑连接汇合，致叶片坏死。

●畸形型：在中后期染病植株，仅幼嫩叶片表现出轻度花叶或斑驳，新出幼叶变小而厚，叶面呈泡状突起，皱缩不平，节间和叶柄缩短，或腋芽丛生，心叶和外叶比例严重失调，病株发育缓慢，分枝少，矮小。

病毒在豆瓣菜种株上及田边杂草上越冬、越夏。田间传毒主要靠蚜虫，其次通过叶片摩擦接触传病。干旱高温，不利于植株的生长发育，而有利于蚜虫的繁殖活动和病毒的繁殖传播。缺肥、缺水以及治蚜不及时，则病害发生重。

防治方法：① 合理密植，加强管理，适时施肥。② 有翅蚜迁飞初期开始喷药治蚜。③ 发病初期喷药防治。

2. 虫害

（1）蚜虫　危害豆瓣菜的蚜虫主要有萝卜蚜、瓜蚜、桃蚜等。

●萝卜蚜：［有翅胎生雌蚜］体长 1.6 ~ 1.8 毫米。头黑色，额瘤微隆起，外倾呈浅 "W" 形。胸部黑色。腹部暗绿色，两侧有黑斑。腹管淡黑色，圆筒形，具瓦纹，近端部和近基部凹陷，尾片圆锥形，两侧各有刚毛 2 ~ 3 根。［无翅胎生雌蚜］体长 0.85 ~ 1.70 毫米。全身橄榄绿色，被白粉。胸部各节中央有

1 条黑色横纹，并散生小黑点。额瘤、腹管、尾片均与有翅胎生雌蚜相似。萝卜蚜全年发生 20 ~ 30 代。为半周期生活型（留守型），以无翅胎生雌蚜在蔬菜心叶及杂草丛中越冬，亦可以卵在枯菜叶背面越冬。食料较单一，主要在十字花科植物或近缘寄主上转移扩大危害。

● 瓜蚜：［有翅胎生雌蚜］体长 1.2 ~ 1.9 毫米。体黄色、淡绿色或深绿色，前胸背板黑色。腹部背面两侧有 3 ~ 4 对黑斑。腹管黑色，圆筒形，基部较宽，表面具瓦纹。尾片青色，呈乳头状。［无翅胎生雌蚜］体长 1.5 ~ 1.9 毫米。夏季黄绿色或黄色，春秋季深绿色、黑色或棕色，全身被有蜡粉。腹管短，圆筒形，基部较宽。尾片与有翅胎生雌蚜相似。瓜蚜全年发生 20 ~ 30 代，无滞育现象，干旱气候适合瓜蚜发生，具有较强的迁飞和扩散能力。

● 桃蚜：参照水芹的桃蚜生活习性和发生规律。

　　蚜虫对黄色、橙色有强烈的趋性，而对银灰色有负趋性。

防治方法：参照水芹的蚜虫防治方法。

（2）小菜蛾　别名菜蛾、吊丝虫、两头尖、小青虫。［成虫］体长 6 ~ 7 毫米。前、后翅细长，有长缘毛。前翅前半部淡褐色，散布褐色小点，后半部从翅基到外缘有一条三度弯曲的黑色波状纹，翅的后面部分灰黄色。停息时，两翅覆盖于体背成屋脊状，前翅缘毛翘起，两翅接合处由翅面黄白色部分组成 3 个连串的斜方块。后翅银灰色。触角丝状，静止时向前伸（图 9-9）。

［卵］椭圆形，稍扁平，淡黄绿色，具光泽，卵壳表面光滑。

［幼虫］老熟时体长 10 ~ 12 毫米。体节明显，纺锤形，体上生有稀疏的长而黑的刚毛。头黄褐色，胸、腹部黄绿色。前胸背板上有 2 个由小黑点组成的"U"形纹（图 9-10）。［蛹］体长 5 ~ 8 毫米。初时为水绿色，后变灰褐色。腹部第 2 ~ 7 节背面两侧各有一个小突起，腹部末节腹面有 3 对钩刺。茧呈纺锤形，灰白色，丝质薄网状，可透见蛹体。

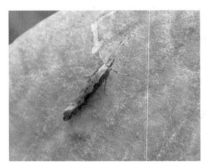

图 9-9　小菜蛾（成虫）

图 9-10　小菜蛾（幼虫）

成虫有趋光性，昼伏夜出。卵多产于寄主叶背脉间凹陷处。幼虫受惊后则激烈扭动、倒退或吐丝下垂。长江流域全年发生 10 ~ 14 代，有 2 个危害高峰期：第 1 个危害高峰期从 4 月至 6 月上旬，为"春害峰"；第 2 个危害高峰期从 8 月下旬至 11 月上旬，为"秋害峰"。幼虫、蛹、成虫各虫态均可越冬。大风暴雨或雷阵雨对卵和幼虫有冲刷作用，气候温暖、干燥、少暴雨有利于病害发生。

防治方法：① 尽量避免小范围内十字花科蔬菜周年连作。② 十字花科蔬菜收获后，及时清除田间的残株落叶，随时翻耕，铲除田边、路边、地角等处的杂草。③ 用性诱剂诱杀成虫。④ 在卵孵化盛期用药防治。⑤ 掌握在卵孵化盛期到 2 龄幼虫发生期用药防治。

（3）黄曲条跳甲 别名菜蚤子、土跳蚤、黄跳蚤、黄条跳甲等。［成虫］体长 1.8 ～ 2.4 毫米。椭圆形，黑色有光泽。前胸背板及翅鞘上有许多点刻，排列成纵行，两鞘翅上中央各有一弓形黄色纵斑，两端大，中央狭，其外侧中部凹曲颇深，内侧中部直形，仅前后两端向内弯曲（图 9-11）。［卵］椭圆形，淡黄色，半透明。［幼虫］老熟时体长 4 毫米左右。长圆筒形，黄白色，头部和前胸盾片及腹末臀板淡褐色，胸部及腹部均为乳白色。各节有不显著的肉瘤，上生有细毛。［蛹］体长约 2 毫米。长椭圆形，乳白色。头部隐于前胸下面，翅芽和足达第 5 腹节。胸部背面有稀疏的褐色刚毛，腹部末端有一叉状突起，叉端褐色。

图 9-11　黄曲条跳甲（成虫）

成虫善跳，有趋光性，趋黄色、绿色习性明显，多栖息在心叶或下部叶背面。卵散产于植株周围湿润的土隙中或细根上，也可在植株基部咬一小孔产卵于内。成虫、幼虫均可产生危害。成虫咬食叶片，幼虫主要取食旱田十字花科蔬菜的根，可传播软腐病。在江浙一带全年发生 6 ～ 7 代，北方 4 ～ 5 代，南方

7～8 代。以成虫在田间、沟边的落叶、杂草及土缝中越冬。春末夏初（5 月中下旬至 6 月）与秋季（8 月下旬至 9 月）发生重。冬天温度高，越冬基数高，6—7 月高温，降水少，发生多且危害重。

防治方法：① 清除田间杂草及残株落叶，消灭越冬场所和食料基地。② 十字花科水生蔬菜和非十字花科的水生蔬菜进行轮作。③ 种前深耕晒土造成不利于幼虫生活的环境并消灭部分蛹。④ 在成虫盛发期利用频振杀虫灯和黄板诱杀成虫。⑤ 在豆瓣菜移栽前 1 周，用药撒施，混土耙匀。移栽后当被害率达 15% 左右，平均单株有虫 1 头时开始用药。

（4）甜菜夜蛾　别名白菜褐夜蛾、玉米叶夜蛾、贪夜蛾。〔成虫〕体长 10～14 毫米。体灰褐色。前翅内横线、亚外缘线为灰白色，外缘有一列黑色的三角形小斑，中央近前缘外方有一肾状纹，内方有一环状纹，均为黄褐色，有黑色轮廓线。后翅银白色，略带粉红色，翅缘灰褐色（图 9-12）。〔卵〕直径 0.5 毫米。圆馒头形，白色，有 40～50 条线纹。卵 8～100 粒不等，排为 1～3 层，成块状，上盖有黄土色绒毛。〔幼虫〕老熟时体长 22～30 毫米。体色变化大，有绿色、暗绿色、黄褐色、黑褐色。腹部气门下线有明显的黄白色纵带，有的略带粉红色，纵带之末端直达腹末，不弯到臀足上去。每节气门后上方各有一白点（图 9-13）。〔蛹〕体长 10 毫米左右，黄褐色。中胸气门显著外突，3～7 节背面和 5～7 节腹面有粗刻点。臀棘上有刚毛 2 根，臀棘的腹面基部也有极短的刚毛 2 根。

图9-12 甜菜夜蛾（成虫）　　　图9-13 甜菜夜蛾（幼虫）

成虫具有较强的迁飞能力，昼伏夜出。对黑光灯有较强的趋性，对糖醋液也有趋性。卵多产于叶背面、叶柄及杂草上。幼虫可成群迁移，并有假死性，受震扰即落地。在长江中下游流域全年发生5～6代，以蛹在土室内越冬。全年主要发生在5—10月。甜菜夜蛾是一种间歇性暴发性害虫，年度间发生轻重程度差异大，一年内不同时间虫口密度差异也很大，可局部暴发成灾。一般春季少雨，入梅、出梅早，夏天炎热，秋季发生多。

防治方法：① 利用黑光灯、糖醋、性诱剂等诱杀成虫。② 掌握卵期及初孵幼虫集中取食习性，结合田间管理，摘除卵块及初孵幼虫危害的叶片。③ 掌握在初龄幼虫期，晴天傍晚及时防治。

（5）斜纹夜蛾　参照莲藕的斜纹夜蛾。

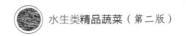

十、水蕹菜

（一）栽培价值

蕹菜（*Ipomoea aquatica* Forsk）又名空心菜、蕻菜、竹叶菜、藤菜等。水蕹菜为蕹菜中的一类，多为白梗型，耐热，需水量大，适应性强，产量高，栽培技术粗放，病虫害少，生长期长，生产成本低，尤其适宜在南方炎热多雨地区生长。在生产上，既可利用低洼水田种植，又可利用河、湖、池塘水面浮植，是我国南方夏秋生产的重要绿叶蔬菜和堵缺补淡蔬菜。种植面积在 20 万亩左右，其中华南、西南及江西各省种植最多，近年有向北方发展之趋势。

此外，水蕹菜在提高水体光能利用、改善养殖水体生态环境、扩大饲料来源、绿化水面和消浪护堤等方面亦有很大作用。因此，发展蕹菜生产有利于蔬菜、畜禽和渔业生产，净化环境，提高综合经济效益和生态效益。

据《中国传统蔬菜图谱》介绍，100 克蕹菜鲜样可食部分中含蛋白质 2.3 克、脂肪 0.3 克、碳水化合物 4.5 克、粗纤维 1.0 克、维生素 C 28.0 毫克、胡萝卜素 2.14 毫克、钾 218.0 毫克、钠 157.8 毫克、钙 100.0 毫克、镁 30.7 毫克、磷 37.0 毫克、铁 1.4 毫克。

蕹菜味甘，性寒，有清热、解毒、止血之功效，可改善便秘、便血、鼻衄、痔疮、疮痈肿毒等，对解黄藤、砒霜、野毒菇中毒有帮助。蕹菜中的木质素能提高巨噬细胞的吞噬作用，可预防直肠癌。紫红色类型品种的嫩芽中含有类胰岛素物质，糖尿病患者食用可减轻症状。此外，蕹菜还有降血脂、降胆固醇的作用。

（二）生物学特性

1. 形态特征

水蕹菜有以种子繁殖为主的子蕹和以茎蔓繁殖为主的藤蕹（一般栽培条件下不开花结籽）之分。现以子蕹为例进行论述。

（1）根　根系发达，须状，白色，主根长 20 ~ 40 厘米，茎节上易生不定根，可用茎扦插繁殖和水中漂浮栽培。

（2）茎　蔓性，圆形而中空，匍匐生长，长 5 米以上，质柔嫩，深绿、绿色或淡绿色，少数品种为紫色或水红色。分枝性强，茎节各叶腋易生侧枝，侧枝萌发力强。

（3）叶　互生，叶柄长，叶片大小因品种而异，一般长 10 ~ 20 厘米，宽 1 ~ 20 厘米。叶形有披针形、剑形、长卵形和近圆形，叶基呈心脏形、戟形、圆形等，叶尖有尖形和钝形之分。叶色深绿、绿和黄绿。叶面光滑平整，全缘，网纹羽状。

（4）花　腋生，单生或集生于腋间，为两性合瓣花。花梗或花序柄淡绿色，花托浅黄色或白色；花萼 5 枚，绿色，披针形，着生于花托周围；花瓣 5 枚，合生呈喇叭形，白色、粉红色或紫色。花中有雌蕊 1 枚，子房上位，2 ~ 6 室；雄蕊 5 枚，贴生于花冠基部。集生花序可开花数朵至 10 余朵。

（5）果实和种子　果实为蒴果，卵球形，黑褐色，花萼宿存，果内有种子 2 ~ 4 粒。种子半圆形或三角形，种皮厚，坚硬，千粒重 30 ~ 50 克。

2. 生长发育过程

水蕹菜因其繁殖方式不同，其生长发育过程亦有区别，下面介绍长江中下游地区水蕹菜生长发育过程。

（1）子蕹

●幼苗期（3 月中旬至 4 月上旬）：此期外界旬均气温在 9 ~ 13℃，不适宜水蕹菜生长。为提早上市，延长供应期，多采用大棚等保护设施育苗。种子在适宜温度和水分等条件下发芽，子叶展开至主茎分枝，从利用种子养分至依靠子叶、真叶进行光合作用制造养分。

●茎叶生长期（4 月中旬至 10 月下旬）：此期旬均气温在 15 ~ 29℃，水蕹菜开始从缓慢生长转为茎叶旺盛生长，是产量形成的关键时期。

●开花结果期（9 月上旬至 10 月下旬）：此期旬均气温由 25℃ 逐步降至 15℃，光照转入短日照，从叶腋间抽生花蕾，开花，结果。由于露地栽培适宜开花温度时间短，因此结实率很低。

（2）藤蕹

●萌芽期（3 月中旬至 4 月上旬）：此期外界气温低，不适宜蕹菜生长。

●茎叶生长期（4 月中旬至 10 月下旬）：同子蕹一样，此期亦是产量形成时期。

●种茎越冬期（11 月上旬至翌年 3 月上旬）：此期旬均气

温由 15 ℃降至 3 ℃，露地植株生长逐渐停止，至 5 ℃因霜冻而死亡。

3. 对环境条件的要求

（1）温度　水蕹菜是喜温蔬菜，不耐寒，但较耐高温。种子和种茎萌发温度为 25 ℃，生长适温为 25 ~ 35 ℃，35 ~ 40 ℃仍可正常生长。低于 15 ℃生长缓慢，低于 10 ℃停止生长，顶芽、腋芽休眠，5 ℃以下霜冻而死亡。

（2）水分　水蕹菜生长期间需要大量水分，无论是田栽还是湖、塘漂浮栽培都要求采用无污染水源。旱栽育苗和种茎越冬保护地贮藏假植时也应注意适宜的土壤湿度，防止过干、过湿而影响种子发芽和幼苗生长，或造成种茎腐烂。

（3）土壤　水蕹菜比较耐肥和耐瘠薄土壤，但富含有机质的壤土、黏壤土最有利其生长。土壤酸碱度以微酸性（pH 值 5.5 ~ 6.5）为佳。采用湖、塘漂浮栽培者应选用肥水塘或生长期间定期施肥，肥料以氮肥为主，适量施磷钾肥。

（4）光照　水蕹菜生长需较强的光照，强光有利于营养生长和生殖生长。光照不足，不定芽萌发减少，产量降低。蕹菜为短日照植物，在长日照条件下营养生长旺盛，在短日照条件下有利于开花结实。

（三）主要品种

1. 大鸡白

广东省广州市地方品种。较早熟，从播种至采收 65 天左右。茎蔓粗壮，较长，青白色，节间较短。叶片长卵形，长 27 厘米，宽 7 厘米，深绿色，柄长 15 厘米。宜水栽，种子繁殖，亦可扦插繁殖。采收期长，产量高，品质好。一般亩产 5 000 ~ 6 000 千克。

2. 博白水蕹

广西壮族自治区博白地方品种。株高 45 厘米，主蔓直径 0.6 ~ 1.0 厘米，节间长 4.6 厘米，青白色。叶片披针形或三角状披针形，叶尖锐尖，叶深绿色，叶长 11 厘米，宽 3.6 厘米，柄长 10 厘米。质地脆嫩，风味浓，品质佳，宜水栽，扦插繁殖。植株蔓性强，分枝多，生长快，采收期长。一般亩产 5 000 千克以上。

3. 鄂蕹菜 1 号

湖北省武汉市蔬菜研究所育成。株高 48 厘米，开展度 40 ~ 48 厘米，较直立，主茎直径 1.3 厘米，淡绿色。叶片长卵圆形，前端渐突，色浅绿，长 18 ~ 20 厘米，宽 15 ~ 18 厘米。开白花。耐寒性强，质地脆嫩，丰产性好，宜保护地早熟栽培。亩产 3 000 千克左右。

4. 吉安大叶蕹

又名吉安竹叶菜。江西省吉安地方品种，长江流域引种较多。株高 45 厘米，主蔓直径 1.28 厘米，节间长 12 厘米，黄绿色。叶片绿色，阔卵形或卵形，叶尖锐尖或钝尖，叶长 18 ~ 22 厘米，宽 15 厘米，柄长 16 ~ 24 厘米，直径 0.5 ~ 0.7 厘米，品质好。早熟，植株蔓性强，分枝多，长势旺，较耐低温。开白花，结籽性强。一般旱栽亩产 4 000 千克，亦可水栽。

（四）栽培技术

1. 有土栽培

（1）茬口　水蕹菜的根系分布较浅，因此首先应选择地势平坦、土壤肥沃、保水保肥力强、灌排水方便的田块来种植。一般选用壤土或黏壤土。蕹菜不宜连作，浅水栽培的水生蔬菜均可作为其前茬或后茬作物，如水芹、慈姑、荸荠、莲藕、茭白等。

（2）育苗

●种子育苗：长江中下游地区 3 月中下旬采用大棚或小棚薄膜覆盖育苗。苗床要求土壤疏松，并施足基肥和适量土壤杀菌剂，翻耕后做南北向长畦，畦宽 1.0～1.2 米，畦间留走道 40～50 厘米，以便于操作。播前浇足底水，可以撒播，但以条播为好。条播行距 6～8 厘米，粒距 2 厘米，每亩用种量 20～25 千克。播前 50℃水浸种，自然冷却后再浸 24 小时后取出沥干。播后覆肥沃壤土 1 厘米厚，上盖地膜，待顶土出苗后揭去地膜，苗高 10～15 厘米时定植。

●茎蔓育苗：即利用越冬植株茎蔓扦插育苗。其方法是从老墩上的新生芽长到 25 厘米时在基部保留 1 叶 1 节后摘下，用 50% 多菌灵可湿性粉剂 500 倍液蘸茎基部消毒、防腐，并扦插于水田，株行距均为 25～30 厘米。一般插入土中 2 节，保留地上部 2 节，促进腋芽生长成苗。也可选择色绿、节间短、腋芽粗壮饱满的老茎蔓，在已浇透水的畦面按 3～5 厘米行距平放排列，用手轻压，上再盖肥沃壤土 1～2 厘米厚，并盖好地膜，待各节腋芽萌发生长顶到地膜时揭去。当苗高 25 厘米左右、每节均已长出须根时可挖起，独立成苗，定植大田，苗龄约 30 天。也可不挖起只采苗茎枝梢 20 厘米左右做种苗扦插，基部保留 1 叶 1 节，继续生长。以此方法连续采摘和扦插 4 ～ 5 批次。

夏季育苗多采用扦插繁殖法，即直接从生产田块中采摘枝梢扦插。

水蕹菜喜温暖湿润环境，早春育苗出苗较为困难，有条件的地方可用电加温线育苗，苗期保持土壤湿度，以培育壮苗。

（3）定植　4 月下旬开始定植，采用大棚或小棚薄膜覆盖栽培者可提前定植。采用种子直播者多在露地于 4 月上旬至 8 月底陆续进行。蕹菜植株生长量大，需肥量也大，因此定植前首先要平整土地，施足基肥，一般亩施腐熟有机肥 1 500 ～ 3 000 千克，并增施过磷酸钙 50 千克，耕翻后做畦。畦宽 1.2 米，操作沟宽 40 厘米，每畦按株行距分别为 25 ～ 30 厘米种植秧苗，每穴 1 ～ 2 株，深度约 5 厘米，以不浮起为度（图 10-1）。

图 10-1　露地栽培柳叶蕹菜

（4）管理　水蕹菜茎叶柔嫩，匍匐生长，水质过肥易造成茎叶腐烂。因此应注意施足基肥，生长期尽量不追肥，确因生长瘦弱者可追施尿素，每次每亩 10 千克。生长期还应注意拔除杂草和防病治虫。

（5）采收　水蕹菜定植后 20 ～ 30 天即可采收，以后一般间隔 10 ～ 15 天采收 1 次，夏秋高温季节 7 ～ 10 天采收 1 次，其后采收间隔期逐渐延长。此时应注意加强管理，追加肥料，以缩短采收间隔期。一般掌握嫩枝长到 25 ～ 30 厘米时采摘，基部留 2 ～ 3 节，使腋芽再生新枝。至 10 月下旬低温霜冻时采收结束，亩产 6 000 ～ 7 000 千克。

2. 无土栽培

水蕹菜无土栽培又称"浮植栽培"，即利用湖、塘水面漂浮种植。其方法如下：

（1）育苗　采用有土栽培育苗方法。待秧苗长到 25 厘米左右定植。一般每亩苗床可栽种 10 ～ 15 亩水面。

（2）定植　水蕹菜无土栽培方法有绳系式和浮毯式 2 种。前者方法简单，适宜烂泥层厚、水质肥沃的湖、塘及大面积栽培；后者投资大，花工多，但有利施肥，提高产量，适宜水质不肥沃的湖、塘栽培。定植时间为 4 月下旬至 5 月上旬。

●绳系式：首先在湖、塘两端用毛竹或木棒打桩，中间用多股辫形竹篾或棕绳、锦纶绳相连，绳头两端套入木桩里，松紧适度。绳间行距采用宽窄行，宽行 1 米，窄行 30 厘米，便于采收。水蕹菜秧苗用包装绳系在竹篾或锦纶绳上，每个结上系苗 2 株，苗头尾相向而系，使绳两侧重量相似，便于漂浮水面，株距 15 ～ 20 厘米。为便于操作采用锦纶绳等软性绳索，可先将秧苗捆绑后，再放入水中，并固定在木桩上。

●浮毯式：用旧塑料编织袋，内装碎泡沫，厚 3 厘米左右，编织袋两头用锦纶绳串联，整个编织袋链两端固定在木桩上。编织袋上按 10 厘米 ×20 厘米株行距打洞定植秧苗，两排编织袋间距 1 ~ 2 米。此外，也可用定制泡沫板浮床栽培或参照水芹浮栽设施种植。

（3）管理　浮栽水蕹菜会因雨涝和干旱而造成水位涨落，因此要及时升降绳索高度，确保秧苗浮于水面生长。对于绳系式栽培水蕹菜，生长期追肥较为困难，可在傍晚采用叶面喷施 0.5% 尿素和 0.2% 磷酸二氢钾的办法，共 3 ~ 4 次。对于浮毯式栽培水蕹菜，生长期间可视植株生长情况直接将氮磷钾三元复合肥撒于编织袋上，每亩每次 10 千克左右。此外，在大水面栽培中为防风浪，应按"田"字格种植宽 1 米左右的茭草防浪带。

（4）采收　水面浮栽的水蕹菜一般用小船或菱桶下水采收，顺宽行进入，从两边收割，上岸后再整理捆扎（图 10-2）。浅水栽的水蕹菜亦可穿雨裤下水收割。一般情况下采用无土栽培的水蕹菜质量更好，更嫩。亩产 5 000 ~ 7 000 千克。

图 10-2　水面浮排种植水蕹菜

（五）种苗繁育

1. 有性繁殖

子蕹以种子繁殖，多采用旱地留种。一般选择肥力中等田块，耕翻做畦，畦宽 1.0 ~ 1.2 米，高 10 厘米左右，沟宽

40 ~ 50厘米。5月中下旬从生产田中选择具有该品种特征特性、茎蔓较粗壮的植株挖起移栽，或从其母株上剪取20 ~ 25厘米长、较为老健的枝梢扦插，每畦种2行，穴距50厘米，每穴2株。活棵后搭"人"字架栽培，并注意适当疏剪，加强通风透光和防病治虫。为促进开花结实和种子成熟、饱满，可根外喷施0.5%磷酸二氢钾和0.2%硼酸。至11月中旬左右，待蒴果老熟枯黄时及时采收、晒干、脱粒。高产品种可亩收种子50千克。

2. 无性繁殖

藤蕹因不结籽，故采用种墩大棚越冬，翌年分枝、扦插繁殖办法。即在10月下旬入冬前将具有该品种特征特性、茎蔓较粗壮的植株，离地表2 ~ 3厘米处割去茎叶，移栽到薄膜覆盖大棚中。注意浇水保湿，使植株缓慢生长。低温寒潮时加盖小棚和草包等覆盖物保温，使棚内温度不低于10℃。有条件的可以铺设电加热线。由于大棚内全天温度变化激烈，应注意加强田间管理，棚温超过35℃时要及时揭膜通风；夜间低温时，增加覆盖物，开启电加热线电源，并注意棚内土壤和空气湿度。前期温度高，植株蒸发量大，宜多浇水；后期低温期要保持土壤湿润。至翌年4月下旬揭去薄膜，分枝种植或采摘茎蔓扦插。

（六）主要病虫害防治

1. 病害

（1）水蕹菜白锈病　发病初期在叶正面出现淡黄绿色至黄色斑点，后变褐色，病斑较大，叶背生白色近圆形或不规则形的隆起状疱斑，后期疱斑破裂散出白色孢子囊。严重时病斑密集，叶片畸形，造成落叶。
茎秆和根部受害变肿大畸
形（图10-3）。

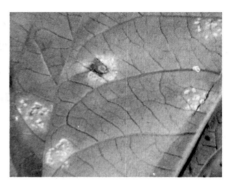

图10-3　水蕹菜白锈病

以卵孢子随病残体遗落
在土中或附在种子上越冬。
主要随风或雨水传播蔓延。
病害发生与湿度关系密切，
寄主表面有水膜，病菌易侵
入，故阴雨连绵或台风暴雨后发病重。偏施氮肥可加重发病。

防治方法：① 水旱轮作或与水稻轮作可大大减少越冬菌源。
② 种子消毒。③ 适度密植，避免偏施氮肥。④ 发病初期用药
防治。

（2）水蕹菜褐斑病　以危害叶为主。发病初期在叶上出现
黄褐色小点，后扩大成直径4～8毫米的近圆形或不规则形边缘
暗褐色、中央灰白至黄褐色坏死病斑，外围常具有浅黄绿色晕
环，后期转成灰褐色至黑褐
色病斑，边缘明显。空气潮
湿时病斑表面产生稀疏绒
状霉层。严重时病斑连片，
叶片早枯（图10-4）。

以菌丝体在病叶内越
冬。借助风雨传播蔓延危
害。多雨季节田块瘦，肥力
不足，发病重。

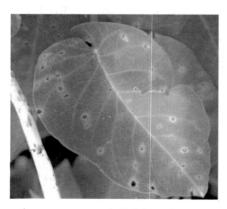

图10-4　水蕹菜褐斑病

防治方法：① 合理密植，增施磷钾肥。② 发病初期喷药防治。

（3）水蕹菜病毒病　水蕹菜各生育期都能发生，通常表现为叶片变小，皱缩畸形，质地粗厚，植株矮小。有时表现为黄绿花叶或网状花叶（图10-5）。

病毒可经蚜虫、叶蝉及种子传播。农事操作造成的伤口和蚜虫、叶蝉发生重的年份，病毒病发生也重。田间管理粗放、土壤贫瘠、植株长势衰弱、缺少水肥则发病严重。

防治方法：① 生长季节随时摘除病残体并及时烧掉。② 及时治蚜和叶蝉。③ 发病初期喷药防治。

（4）水蕹菜炭疽病　主要危害叶和茎，幼苗受害可死苗。叶片受害，初现褪绿色或黄褐色近圆形斑，后变暗褐色，病斑上微具轮纹，密生小黑点。严重时叶片上病斑扩大并融合而使叶片变黄干枯。茎上病斑近椭圆形，略下陷（图10-6）。

图 10-5　水蕹菜病毒病

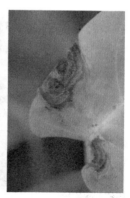

图 10-6　水蕹菜炭疽病

以菌丝体和分生孢子盘在病组织内越冬并借助雨水传播。施肥不当，氮肥施用过多，植株生长过旺，田间郁蔽易发病。在生长季节，遇高温多雨，病害发生重。

防治方法：① 选种早熟品种，一般青梗品种比白梗品种抗病。② 及时采摘上市，改善植株间通风透光性。③ 发病初期用药防治。

2. 虫害

（1）甘薯麦蛾　别名甘薯小蛾、甘薯卷叶蛾、红芋包叶虫。［成虫］体长约6毫米。头胸部暗褐色。头顶与颜面紧贴深褐色鳞片，唇须镰刀形，侧扁，超过头顶。前翅狭长，暗褐色或锈褐色，近中央有前小后大2个灰白色环状纹，环状纹中间有1个黑褐色小点，翅外缘有5个横列的小黑点。后翅宽，淡灰色，缘毛长（图10-7）。［卵］椭圆形。近孵化时一端有一黑点，卵表面具稍凸的细纵横条纹。［幼虫］体长15毫米。头稍扁，黑褐色。体表被长毛。前胸背板褐色，两侧具暗色倒"八"字纹。中胸至第2腹节背面黑色，第3腹节以后各节乳白色，亚背线黑色，第3~6腹节各具黑色条纹1对。胸足黑色，腹足乳白色（图10-8）。

图10-7　甘薯麦蛾（成虫）

图10-8　甘薯麦蛾（幼虫）

［蛹］体长 7 ~ 9 毫米，纺锤形，头钝尾尖。由淡白色变为黄褐色。臀棘末端具钩刺 8 个，圆形排列。

成虫白天栖息在水蕹菜田荫蔽处，受惊作短距离飞翔，有趋光性。卵散产于嫩叶背的叶脉间，也可产在新芽和嫩茎上。以幼虫吐丝卷叶，在卷叶内取食叶肉，留下白色表皮，似一层薄膜。在长江中下游流域 1 年发生 4 ~ 5 代。以蛹在枯枝落叶间越冬，南方可以成虫在杂草丛中以及屋内阴暗处越冬。以 8—9 月的 3、4 代危害最严重。高温中湿有利于甘薯麦蛾发生，但超过 30 ℃时成虫停止繁殖。

防治方法：① 秋冬清洁田园，烧毁枯枝落叶，消灭越冬虫源。② 田间初见幼虫卷叶危害时，及时用手捏住新卷叶中幼虫或摘除新卷叶。③ 使用性诱剂诱杀成虫。④ 掌握在幼虫卷叶之前用药防治。以下午 4—5 时喷药效果最佳。

（2）甘薯天蛾　别名旋花天蛾、白薯天蛾、甘薯叶天蛾。

［成虫］体长 43 ~ 52 毫米。体灰褐色。胸部背面具两丛鳞毛构成黑褐色 "八" 字纹，同时围成灰白色钟状纹。腹部背面中央有 1 条暗灰色宽纵纹，各节两侧顺次有白、粉红、黑横带 3 条。前翅灰褐色，内、中、外各横线为尖锯齿状带的 2 条深棕色细线，还有许多云状纵纹，翅尖有黑色斜纹。后翅淡灰色，有 4 条暗褐色横带，缘毛白色及暗褐色相杂。雄蛾触角栉齿状，雌蛾触角棍棒状，末端膨大（图 10-9）。［卵］球形，直径 1.5 ~ 2.0 毫米。初产时蓝绿色，孵化时黄白色。［幼虫］老熟时体长 50 ~ 83 毫米。初孵时黄白色，头乳白色，1 ~ 3 龄为黄绿色或青绿色，4 ~ 5 龄体色多变，可出现青、绿、红、黑等多种体色。

图 10-9　甘薯天蛾（成虫）

中、后胸及第 1 ~ 8 腹节背面有许多横皱纹，形成若干小环，第 8 腹节末端具弧形的尾角。气孔红色，外有黑轮。老熟幼虫分为绿色和褐色 2 种类型：绿色型幼虫体绿色，头黄绿色，腹部 1 ~ 8 节各节的侧面具白色斜纹，气门、胸足黑色，尾角杏黄色，端部黑色；褐色型幼虫体背土黄色，具粗大黑斑，头黄褐色，中部具倒"Y"形黑色纹，两侧还各具 2 条黑纹，腹部 1 ~ 8 节各节侧面有灰白色斜纹，胸足、气门、尾角黑色。［蛹］体长 50 ~ 60 毫米。初时淡绿色，后变朱红色或暗红色。口器吻状，喙管延长弯曲似象鼻状，与体相接。翅达第 4 腹节末。

成虫白天躲藏于作物地内，傍晚活动，飞翔力强，有趋光性，喜吸吮棉花、芝麻、南瓜、大豆、向日葵、葱等作物的花蜜。卵散产在水蕹菜叶正、反面和叶柄上，有趋嫩绿产卵习性。在长江流域全年发生 3 ~ 4 代。为间歇性发生的害虫，全年 8—9 月危害最重。以老熟幼虫在土中 5 ~ 10 厘米处作土室化蛹越冬。凡 6—9 月气温高、雨水少的年份发生重，而低温多雨的年份发生轻。天气过旱和雨水过多也对其发生不利。耕作粗放，越冬虫口基数大有利于病害发生。

防治方法：① 可结合田间管理人工灭除。② 掌握在蛾量激增后 14 天，即幼虫 3 龄盛期为防治适期，用药防治。

（3）斜纹夜蛾　参照莲藕的斜纹夜蛾。

（4）甜菜夜蛾　参照豆瓣菜的甜菜夜蛾。

（一）栽培价值

芋〔*Colocasia esculenta* (L.) Scrott〕又名芋头、芋艿，为天南星科芋属多年湿生草本蔬菜。水芋是可以在浅水中生长的一类芋的总称，其球茎富含淀粉，既可鲜食，又可加工制粉，制成多种副食品。其性糯、味香甜，市场销路较好。但和旱芋相比，其栽培的面积仍较小。由于水芋冬季可贮藏在土壤中，随吃随挖，可延长供应到翌年的4—5月。水芋亦可进行保护地栽培，对蔬菜周年供应发挥着重要的作用。

据《中国传统蔬菜图谱》介绍，100克水芋鲜样可食部分中含蛋白质2.2克、脂肪0.1克、碳水化合物17.5克、粗纤维0.6克、维生素C 4.0毫克、胡萝卜素0.02毫克、钾554.0毫克、钠6.4毫克、钙39.0毫克、镁15.4毫克、磷49.0毫克、铜0.02毫克、铁13.9毫克、锌0.04毫克。

水芋的主要药用成分为氰苷、酸性毒皂苷。芋头性平，除烦止渴，有消肿、解毒之功效，能"调中补气"（《晔子本草》），"治中气不足，久服补肝肾，添津益髓"（《滇南本草》），"主宽肠胃，丰肌肤"（《中国医学大辞典》），用于疥疮、牛皮癣治疗。芋茎捣烂敷患处还可缓解蜂毒、无名肿、蛇虫伤等造成的伤害。但芋头会滞胃气，难消化，小儿戒食，尤有风疾服风药者忌食。

（二）生物学特性

1. 形态特征

（1）根　为白色肉质纤维根，须根系，较发达，根毛少。种芋催芽时，根萌生于顶芽基部，中、下部很少生根。顶芽发育成母芋后，根主要分布在中、下部。孙芋很少生根。

（2）茎　分为短缩茎和球茎2种。种芋顶芽萌发后，在其上端形成短缩茎，以后短缩茎基部膨大形成新的球茎。主球茎亦称母芋。母芋节位上的腋芽发育形成小球茎，即子芋。依次类推，可形成孙芋、曾孙芋等，一般统称为孙芋。球茎有圆形、椭圆形、卵圆形、长卵圆形等，球茎上具明显的叶痕环，节上有棕色鳞毛片，即退化了的叶鞘。球茎是主要产品器官，一般母芋重350克左右，子芋单只重20克左右，全株结子芋、孙芋20～30只，重500～700克。

（3）叶　在短缩茎和球茎上互生，叶片大，盾形，基部两裂，长30厘米左右，宽20厘米左右。叶面有密集的乳突，深绿色，叶背淡绿色。具肉质长柄，基部膨大成膜质叶鞘，呈匙形，上部圆杆形；叶柄颜色因品种而异，有紫红色和下部紫红色、上部青绿色等。叶柄与叶片中有气腔相通，质地疏松，易倒伏。叶柄可食用。

（4）花　为佛焰花序，长6～20厘米，单生，短于叶柄，颜色与叶柄相同。肉穗花序长10厘米左右，短于佛焰苞，自上而下分别为附属器、雄花序、中性花序和雌花序。芋在长江中下游地区极少开花，且花而不实。花苞和花梗可食用。

（5）果实和种子　果实为浆果，种子近卵圆形，紫黑色，有繁殖能力。

2. 生长发育过程

长江中下游地区水芋生长发育可分为萌芽期、茎叶生长期、球茎膨大期和越冬休眠期等 4 个时期。

（1）萌芽期（4 月中旬至 5 月下旬）　旬均气温 13 ℃以上时，越冬休眠的球茎（种芋）顶芽开始萌动，伸长展叶，并萌发须根，形成新株进行光合作用。

（2）茎叶生长期（6 月中旬至 8 月上旬）　旬均气温在 23 ~ 29 ℃，植株地上部不断抽生新叶，地下部不断发生须根，植株生长迅速，叶面积增大，形成强大的营养体。

（3）球茎膨大期（8 月中旬至 10 月下旬）　旬均气温从 29 ℃逐渐下降至 16 ℃，植株制造的养分开始传输至地下，短缩茎膨大形成母芋，并继续分生形成子芋和孙芋。

（4）越冬休眠期（11 月上旬至翌年 3 月下旬）　此期气温从 15 ℃开始降至 3 ℃，植株地上部从停止生长到枯死，地下部球茎定型，养分输送停止，球茎内的可溶性糖转化为淀粉，多肽转化为蛋白质，含水量减少，顶芽和腋芽进入休眠期。

3. 对环境条件的要求

（1）温度　当旬均温度达到 13 ℃时球茎开始萌芽，23 ~ 29 ℃有利于植株营养生长和球茎膨大，日夜温差大，可促进球茎的养分积累。高于 35 ℃或低于 10 ℃，植株生长基本停止，低于 5 ℃，地上部冻死，低于 0 ℃球茎受冻。

（2）水分　水芋适于水田栽培，亦可在田边畦埂等潮湿地种植。水芋的叶面积大，蒸腾快，生长旺盛期要求水深。随着气温下降，球茎进入膨大期应保持浅水或潮湿的土壤。采收前排干水有利于种芋贮藏。

（3）土壤　水芋要求土壤肥沃、疏松、保水力强的壤土和黏壤土，有机质含量达 1.5% 以上。生长前期宜多施氮肥，球茎膨大期应多施磷肥、钾肥，适宜土壤酸碱度为 pH 值 5.5 ~ 7.0。

（4）光照　水芋较耐阴，不需强光照。强光伴随高温，不利于植株生长。水芋在长日照条件下有利茎叶生长，短日照有利结球和养分积累。

（三）主要品种

1. 宜昌白荷芋

湖北省宜昌市地方品种。早熟，生育期 140 天，一般亩产 3 000 千克左右。株高 100 厘米，叶柄淡绿色，分蘖力中等。母芋近圆形，重 300 ~ 500 克，单株产子芋 15 ~ 20 只，卵形，单只重 60 克左右。芋肉质糯，味甜，品质好，耐贮藏。

2. 鄂芋 1 号

湖北省武汉市蔬菜研究所育成。多子芋型，早中熟，一般 8 月采收青禾子孙芋，亩产 1 200 千克左右；10 月下旬采收老熟子孙芋，亩产 2 200 ~ 2 500 千克。株高 100 ~ 130 厘米。叶柄红紫色，叶片绿色，长 50 ~ 55 厘米，宽 39 ~ 45 厘米。子芋、孙芋卵圆形，较整齐，单株产子芋 12 个，单个重 50 ~ 70 克；单株产孙芋 16 个，单个重 32 ~ 42 克。芽、肉均为白色，肉质粉，风味佳。

3. 金华红芽芋

金华市农业科学院和浙江大学生物技术研究所育成。多子芋型，中晚熟，10月下旬采收，亩产2 500 ~ 2 800千克。株高120 ~ 130厘米。株型较直立，叶柄红紫色，叶片绿色，长半径26.5厘米，短半径17厘米。子芋倒长卵形，孙芋卵圆形，表皮棕褐色，肉质乳白色，单株产子芋10个，单个重80 ~ 90克；产孙芋6个，单个重27.7克。

4. 桂芋2号

广西壮族自治区农业科学院生物技术研究所育成。全生育期240 ~ 260天，晚熟。株高130 ~ 170厘米。叶片阔大，盾状心形，叶面中心有紫红色斑，叶背淡绿有微蜡，叶脉淡红色。母芋与子芋间有细长匍匐茎连接，母芋近卵形或椭圆形，切面有明显紫色花纹，单个重1.2 ~ 2.5千克，子芋3 ~ 8个，棒槌状，孙芋3 ~ 6个（图11-1）。水田亩产2 500 ~ 3 800千克。品质优，口感细腻，香味浓郁，抗逆性强，较抗芋疫病。

图11-1　桂芋2号

5. 泰芋1号

江苏省农业科学院泰州农业科学研究所由地方农家品种泰兴香荷芋经系统选育而成，属于红芽优质芋头品种，生育期短（图11-2）。口感品质好，硬度适中，口感糯，香味浓郁，适合蒸煮食用。

6. 泰芋 2 号

江苏省农业科学院泰州农业科学研究所由地方农家品种兴化龙香芋经系统选育而成，属于魁子兼用型优质芋头品种，生育期中等（图 11-3）。母芋与子芋均可食用，香味浓郁，母芋口感软糯，子芋口感硬糯。

图 11-2　泰芋 1 号

图 11-3　泰芋 2 号

7. 香沙芋

多子芋类中的优良地方品种，主要分布在江苏靖江。该品种的主要特点是支链淀粉含量高、营养丰富、口感好，有一股独特的香味，备受消费者青睐（图 11-4，图 11-5）。

图 11-4　香沙芋

图 11-5　香沙芋植株

8. 香荷芋

多子芋类。分蘖性强，子芋多，易与母芋分离（图11-6）。为晚熟品种。

9. 龙香芋

生长在垛田中，为江苏兴化地方品种。株高 1.2 ～ 1.5 m，叶片深绿色，叶柄绿色，叶柄长，叶片与叶柄相连处有紫晕。母芋近圆球形，肉白色，粉而香，子芋少，椭圆形，肉质黏（图11-7，图11-8）。

图 11-6　香荷芋

图 11-7　龙香芋

（四）栽培技术

水芋喜湿，耐肥，栽培比较粗放，长江中下游地区早熟品种、中晚熟品种均可选用，但选用地势平坦、灌排方便及早熟、高产品种，并加强肥水管理可获得高产。

1. 田块选择

水芋种植要求田块平整，高低一致，便于灌溉，保证植株生长一致。同时注意不要连

图 11-8　龙香芋植株

作，可与慈姑、荸荠、茭白、莲藕等浅水蔬菜作物轮作。选择土壤肥沃、保水保肥力强的浅水田种植。

2. 播种育苗

水芋育苗从 4 月上中旬开始，事先将贮藏留种的子芋取出，剔除腐烂或基部发软的子芋，并按行株距均为 10 厘米左右插播于平整的秧田里，顶芽向上，以种芋没入土中为度，畦面覆盖稻草，并浇水保持湿润。一般播后 30 ~ 40 天，当苗高 10 ~ 15 厘米、有 3 ~ 4 片真叶时定植大田。

3. 适时定植

水芋田种植前应施足基肥，一般亩施腐熟有机肥 3 000 千克，并适施氮磷钾三元复合肥 50 千克左右后耕翻，深 20 ~ 25 厘米，放浅水耙平。

长江中下游地区于 4 月下旬至 5 月上旬开始定植大田，行距 60 厘米，株距 30 厘米。晚熟品种或肥田可适当稀植，深度以种芋全部埋没为度。定植后保持浅水 2 ~ 3 厘米。

4. 田间管理

（1）水分　定植后一般保持浅水，待苗成活后，可将田水放干，晒田，增温，促苗生长。以后随植株生长而逐渐加深水位至 3 ~ 5 厘米，施肥培土后水位加深至 5 ~ 7 厘米，7—8 月高温季节注意加深水位至 10 ~ 15 厘米，并经常换水，尤以早晨灌水为佳。随气温下降再逐步降低水位。采收前 20 天左右，放干田水，保持土壤湿润。

（2）追肥　水芋定植后一般要追肥 2 ~ 3 次，活棵后追施 1 次尿素，每亩 10 千克。在球茎膨大期结合培土追施腐熟有机肥

1～2次，每次每亩1 000～1 500千克，或发酵饼肥50千克。对生长较弱的植株可点施尿素或氮磷钾三元复合肥。

（3）除蘖　球茎形成后，有时子芋会提前萌芽，不但消耗养分，还影响田间通风透光，因此应将萌发的分蘖苗的叶簇摘除或用土压没，并摘除外围发黄老叶，埋入土中做肥料。

（4）壅土　水芋定植后至封垄前要除草2～3次，待植株长至最高开始结芋时，结合追肥。培土壅根1～2次，一般顺行培土起垄达15厘米左右，以抑制子芋芽萌发，促进球茎膨大。

5. 采收

长江中下游地区水芋在9月下旬可以陆续采收，但此时球茎嫩，品质差。10月下旬以后，球茎完熟，地上部叶片枯黄，淀粉含量高，品质好，产量高。采收前1周，先割除地上部茎叶，待伤口自然愈合后再挖取球茎，挖取前先排干田水，选择晴天，边挖边除去叶柄、根须，晾晒球茎，保持球茎表皮干燥，并将母芋与子芋分开，加工出口者还要将孙芋掰下。一般水芋亩产1 500～2 500千克，高产者可达3 500千克。

留种水芋要求在11月上中旬球茎充分老熟后再采收，并选择优良单株留种，多子芋型水芋应选子芋、孙芋多，大小均匀，子芋萌芽少的单株留种。整株挖起，带土保存。

6. 贮藏

长江中下游地区冬季气温较低，露地越冬水芋球茎容易受冻害，因此采取以下贮藏方法：

（1）**室内贮藏法**　球茎贮藏前要先剔除顶芽发白、柔嫩和有病虫害、伤残的球茎，晾晒至表皮充分干燥后贮藏。即在室内地上铺垫干细土10厘米左右，上铺种芋10～15厘米，上再盖干细土，再铺种芋，层层相间，顶部及四周也盖干细土15厘米左右，使码堆呈馒头形。保持室温10℃左右，当气温降到5℃时再盖稻草防寒，翌年气温回升再揭去稻草，此方法可将种芋贮藏至4月育苗时。

（2）**室外贮藏法**　选择地势平坦、高燥、避风、向阳之地，地下水位要求在1.5米以上，开挖宽1米、深1米、长数米的池窖，四周铲平拍紧，并在底部和四壁铺干麦草和细土各1层，边铺边垫放球茎，一层球茎，一层干细土，方法同室内贮藏法。最顶部用干细土盖好，拍成馒头形，窖四周开排水沟。窖温保持在10℃左右，低于5℃要加盖厚土和草帘，雨雪天上盖薄膜，晴天揭去。

（五）主要病虫害防治

1.病害

（1）**水芋病毒病**　病叶沿叶脉呈现褪绿黄点，扩展后呈黄绿相间花叶，最后卷曲坏死，新生叶还常出现羽毛状黄绿色斑纹或叶片扭曲畸形。有时病叶上产生大小不等的浅褐色环形蚀纹坏死病斑，相互汇合致叶片枯死（图11-9）。

图11-9　水芋病毒病

病毒可在水芋球茎内或野生寄主及其他栽培植物体内越冬。主要由蚜虫传播。长江以南 5 月中下旬至 6 月上中旬为发病高峰期。用带毒球茎做母种，病毒随之繁殖蔓延，造成种性退化。

防治方法：① 选种青梗芋、红梗芋中抗病品种种植。② 采用无病株留种芋或进行脱毒后种植。③ 在有翅蚜迁飞期及时治蚜。④ 发病初期喷药防治。

（2）水芋疫病　主要侵害叶片、叶柄及球茎。叶片初生黄褐色圆形斑点，后逐渐扩大融合成圆形或不规则轮纹斑，病斑边缘围有暗绿色水渍状环带，湿度大时病斑出现白色粉状薄层，并常伴随黄褐色的液滴状物，病斑中央常腐烂成裂孔，最后全叶破裂，只剩叶脉，呈破伞状。叶柄受侵害，上生大小不等的黑褐色不规则斑，变软腐烂，叶片下垂凋萎。球茎受侵害变褐色腐烂。

主要以菌丝体在种芋球茎内、菌丝及卵孢子在水芋上或随病残体在土壤中越冬。种植带菌种芋和通过风雨传播引起侵染。该病常在梅雨至盛夏季节发生。凡 6—8 月雨量雨日多，病害就重。田块低洼，排水差，种植过密，偏施氮肥，植株生长势过旺，有利于发病。

防治方法：① 种植抗病品种。② 从无病或轻病地块选留种芋。③ 实行水旱轮作 1 ~ 2 年。④ 及时铲除田间零星病芋株，收集并烧毁病残体。⑤ 施足基肥，增施磷钾肥，避免偏施过施氮肥，注意田间通风透光性，加强雨季排水。⑥ 在梅雨来临之前喷药预防。

（3）水芋污斑病　主要发生在叶片上，常从老叶开始发病，以后逐渐蔓延到心叶。在叶上初呈绿褐色大小不等的近圆形或不规则形病斑，后呈淡黄色，最后变成浅褐色至暗褐色，叶背病斑颜色较浅，呈淡黄褐色。病斑边缘界限不明晰，似污渍状，故名污斑病。湿度大时病斑上生隐约可见的烟煤状霉层（图 11-10）。严重时病斑密布全叶，病部腐败裂孔，致使叶片变黄干枯。

图 11-10　水芋污斑病

　　以菌丝体和分生孢子在病残体上越冬。可借气流或雨水溅射传播蔓延。在南方，田间芋株周年存在，病菌可辗转传播危害，无明显越冬期。高温多湿的天气或田间郁蔽高湿，或偏施过施氮肥芋株旺而不壮，或肥水不足致使芋株衰弱，都易诱发病害。

　　防治方法：① 及时清除病残体，深埋或烧毁。② 注意肥料的合理使用和氮磷钾肥的适当配合，避免偏施氮肥和生长后期缺肥。③ 在发病初期喷药防治。

　　（4）水芋炭疽病　　主要危害叶片，下部老叶易发病。初在叶片上产生水渍状暗绿色病斑，后逐渐变为近圆形褐色至暗褐色病斑，四周具湿润的变色圈。干燥条件下，病斑干缩成羊皮纸状，易破裂，上面轮生黑色小点。球茎染病生圆形病斑，似漏斗状深入肉质根内部，去皮后病部呈黄褐色，无臭味。

　　以分生孢子附着在球茎表面或以菌丝体潜伏在球茎内越冬，也可以菌丝体和分生孢子盘及分生孢子随病残体在土壤中越冬。

借风雨、昆虫传播侵入。水分对该菌繁殖和传播起重要作用。遇连阴雨或多雾、重雾的天气易发病，种植过密、灌水过度或排水不良发病重。

防治方法：① 在无病田或无病株上采种，如种芋带菌可用药剂浸泡消毒。② 选择地势平坦、排水良好的沙壤土种植，提倡施用经酵素菌沤制的堆肥或腐熟有机肥，减少化肥施用量，发现病株应及时拔除，并集中深埋或烧毁。③ 在发病初期喷药防治。

2. 虫害

（1）芋单线天蛾　别名芋黄褐天蛾、芋叶黄褐天蛾。［成虫］体长 28 ~ 38 毫米，黄褐色。前翅中央有宽黑色纵带，带上方有一黑点，后缘有一灰白色线纹。后翅基部及外缘有较宽的灰黑色带，翅反面灰黄色，有灰黑色横线及斑点，缘毛灰色。胸腹背中央有一条灰白线纹（图 11-11）。［卵］直径 1.6 毫米，球形。淡黄色。［幼虫］老熟时体长 60 ~ 63 毫米，草绿色或灰褐色。背上有 2 条茶褐色纵带。腹节有 7 个橄榄形眼纹，中间 3 个较大，外围有黑线，中间有大黑点，点下橙黄色。气门红色或黑褐色，尾角淡黄色或褐色（图 11-12）。［蛹］体长 36 ~ 46 毫米，灰褐色。

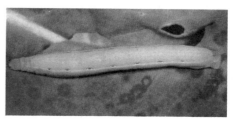

图 11-11　芋单线天蛾（成虫）　　图 11-12　芋单线天蛾（幼虫）

成虫有趋光性、趋化性，飞翔力强。卵散产于水芋的心叶和叶背上。幼虫食水芋的叶和幼茎，形成缺刻和断茎。在江浙一带全年发生1代，南方发生5～7代。5—6月成虫羽化，全年以7—8月发生较多。以蛹在杂草丛中或土中越冬。

防治方法：① 田间零星发生时人工捕杀，摘除卵块及"纱窗状"的被害叶。冬季清除杂草，深翻土壤，消灭越冬蛹。② 利用黑灯光或糖浆诱杀成虫。③ 可与其他害虫兼治，用药防治。

（2）芋蝗　［成虫］体长17～22毫米，黄绿色。复眼的后方、前胸背板侧片的上端具黑褐色纵条纹，向后延伸至中胸、后胸背板的两侧。前翅黄绿色，后翅基部淡蓝色，顶端略烟色。后足腿节黄绿色，下膝侧片红色，胫节淡青蓝色，基部红色。头短于前胸背板。颜面向后倾斜，和头顶组成锐角；颜面隆起具明显的纵沟。头顶略向前突出，复眼间头顶的宽度窄于或等于触角间颜面隆起的宽度。复眼卵形。触角丝状，到达或超过前胸背板的后缘。前胸背板前端较窄，后端较宽，中隆线弱，被3条横沟割断，后横沟位于中部之后；前缘近于平直，后缘为圆弧形。前、后翅发达，超过后足腿节的顶端。后足胫节内侧具8～9根刺，顶端第1与第2刺间的距离较各刺的距离长。［卵］长4～5毫米，长圆筒形。初产淡黄色，逐渐变为深黄色，卵块状，外被囊状胶质保护物。［若虫］初孵时淡绿色，后逐渐变为黄绿色。

成虫白天活动。卵产于叶柄中下部，蛀孔分泌出黄褐色胶液。以成虫、若虫啃食叶片成缺刻或食叶肉留下表皮，被害叶呈紫色小横斑。在江浙一带全年发生2代，在南方可发生3代。以成虫在枯枝落叶下越冬。翌年4月开始活动，5—6月产卵，在田间以 7—8 月发生数量较多，10—11 月陆续进入越冬。

防治方法：① 芋蝗产卵盛期在产卵孔处刮杀未孵化的虫卵。当卵孔已光滑，流出锈褐色汁液时，卵已孵化或近孵化。② 在成虫、若虫盛期喷药防治。

（3）斜纹夜蛾　参照莲藕的斜纹夜蛾。

（4）甜菜夜蛾　参照豆瓣菜的甜菜夜蛾。

（5）朱砂叶螨　参照水芹的朱砂叶螨。

十二、蒲菜

（一）栽培价值

蒲菜（*Typha latifolia* L.）又名蒲，是香蒲科香蒲属多年生沼泽草本蔬菜。

我国蒲菜分布极广，多为野生、半野生状态，有的做工艺原料，有的则做食蔬。较为著名的人工栽培的蒲菜有山东省济南市、河南省淮阳市和江苏省淮安市的蒲菜，以食用假茎为主，而云南的建水草芽则以食用根状匍匐茎为主。它们的共同点是其茎洁白、柔嫩、清香可口，可炒食、凉拌和做汤，风味独特，很受消费者欢迎。此外，蒲叶（又名蒲草）可用来做温室的保暖材料、编制蒲包和造纸、加工人造板的原料。其蒲棒上的蒲绒，柔软保暖，可做枕芯、铺垫。其花粉又称蒲黄，是一味很好的中药材。目前我国蒲菜栽培面积不大。

据《中国传统蔬菜图谱》介绍，100 克蒲菜鲜样可食部分中含蛋白质 1.2 克、脂肪 0.1 克、碳水化合物 1.5 克、粗纤维 0.9 克、维生素 C 6.0 毫克、胡萝卜素 0.01 毫克、硫胺素 0.03 毫克、核黄素 0.04 毫克、烟酸 0.5 毫克、抗坏血酸 6.0 毫克、钾 190.0 毫克、钠 45.0 毫克、钙 53.0 毫克、镁 17.0 毫克、磷 24.0 毫克、铁 0.2 毫克、热量 50 千焦耳。

蒲菜味甘，性平，微凉，有清热凉血、利水消肿的功效。对缓解肺热咳喘、胃热口疮、消渴牙痛、胎动下血、妊娠营热、湿热痢淋、遗精带下、水肿瘰疬等有一定功效。其蒲黄（花粉）能活血化瘀、收敛止血，对多种出血症如呕血、咯血、便血等，有良好的调血止血功效，但孕妇慎用。

（二）生物学特性

1. 形态特征

蒲菜因品种不同可分为食用假茎和匍匐茎两类。前者植株高大，达 2.5 米左右，分株性差；后者植株较矮，一般为 1.0 ~ 1.2 米，但匍匐茎发达，分枝能力特强。

（1）根　蒲菜为须根性植物，环生于短缩茎基部及匍匐茎节位上，白色，后转为黄褐色，长 15 ~ 60 厘米，数量较多。

（2）茎　蒲菜的茎分为短缩茎、根状匍匐茎和花茎 3 种。短缩茎是每个单株的主茎，短缩茎每个节位上抽生叶片，其叶鞘互相抱合形成假茎。短缩茎基部叶腋中可抽生地下根状匍匐茎，其顶芽向地上生长形成新株。每株及分枝短缩茎通过阶段发育后，拔节生长，并形成花茎，花茎顶端着生雌雄连生圆筒状肉穗花序。

（3）叶　每株短缩茎节位上抽生叶片，叶片细长，长 0.6 ~ 1.5 米，宽 1.5 ~ 2.0 厘米；叶背中部隆起，切面呈月牙形，海绵状；叶片披针形，深绿色，表面光滑。叶鞘长 30 ~ 50 厘米，抱合呈假茎，淡绿色；叶片两侧排列呈 180° 展开，单株有叶片 8 ~ 13 张。

（4）花　肉穗花序着生在花茎顶端，圆筒状，下部为雌蕊，上部为雄蕊，似蜡烛状灰褐色或黄褐色，俗称"蒲棒"。雌花序长 5 ~ 23 厘米，内含多数可孕或不可孕的雌花，雌花无苞片。

雄花序长 3.5 ~ 12.0 厘米，具叶状苞片 1 ~ 3 枚，花后脱落。

（5）果实和种子　雌花受精后结出小型坚果和细小的种子。坚果褐色，长 1.0 ~ 1.2 毫米。种子椭圆形，长不足 1 毫米。

2. 生长发育过程

目前我国的蒲菜因食用部分不同其生长发育过程亦略有区别，但基本上可分为萌芽期、旺盛分枝期、抽薹开花期、缓慢生长期和越冬休眠期等 5 个时期。现以江苏省引进的建水草芽为例简述。

（1）萌芽期（3 月中旬至 6 月中旬）　当春季旬均气温回升至 9 ℃左右时，短缩茎和根状匍匐茎上的越冬休眠芽开始萌发，向上形成叶片，向下抽生新的匍匐茎和生根，形成新的植株。此期主要依靠母体贮藏的养分。

（2）旺盛分枝期（6 月上旬至 9 月上旬）　此期旬均气温在 23 ~ 29 ℃，植株生长加快，匍匐茎不断抽生，叶片增加，生成新的分枝。分枝上再一次抽生又形成新的分枝，依此类推，成为一个庞大的群体。这一时期是匍匐茎的生长旺盛期，亦是产品形成的关键时期。

（3）抽薹开花期（6 月下旬至 9 月下旬）　此期旬均气温由 25 ℃上升至 29 ℃，再下降至 21 ℃，正值植株旺盛生长阶段的中后期，部分早期形成的单株其短缩茎顶芽抽生花序和开花结实。

（4）缓慢生长期（9 月中旬至 10 月下旬）　此期旬均气温由 23 ℃下降至 16 ℃，植株营养生长减缓，分枝逐渐减少到完全停止。体内养分向短缩茎和根状匍匐茎内转移。

（5）越冬休眠期（11月上旬至翌年3月上旬）　此期旬均气温由15℃降为3℃，植株生长完全停止，地上部枯黄，地下部进入休眠状态。

3. 对环境条件的要求

（1）温度　当气温稳定在9℃以上时，植株开始萌动，生长适温为15～29℃。超过35℃或低于15℃植株基本停止生长，5℃以下霜冻，地上部枯死。

（2）水分　蒲菜为挺水植物，以假茎为产品器官的蒲菜，适宜生长的水深为20～40厘米，并可短期忍耐较深水位，以不没顶为原则。萌芽期要求水浅，旺盛生长期要求较深的水，水深有利于假茎的软化、嫩白。但以幼嫩匍匐茎为产品器官的蒲菜生长期间的水位只需保持在10厘米左右。蒲菜在冬季越冬休眠期以保持浅水或湿润土壤即可。

（3）土壤　蒲菜适宜生长的土壤为壤土或黏壤土。其中淤泥层厚、有机质含量高（2%以上）的土壤有利于匍匐茎生长和采收。养分要求氮、磷、钾并重，以施用腐熟有机肥为主，生长期适当追施氮肥。

（4）光照　蒲菜生长要求有充足的阳光，在长日照条件下才能抽薹、开花。

（三）主要品种

1. 淮安蒲菜

江苏省淮安市地方品种，现分布于江苏省北部宝应湖、洪泽湖浅滩地。一般亩产200～300千克。植株高大，直立，分枝较多，株高200厘米左右。叶扁平披针形，长150厘米左右，宽1.0～1.2厘米，深绿色；叶鞘长40～70厘米，叶鞘层层抱合成假茎，略呈淡绿色，内层叶鞘和心叶洁白，圆柱形，直径2厘米左右。质脆嫩，有清香味，品质优良。

2. 大明湖青蒲

山东省济南市地方品种。早熟，一般亩产400～500千克。株高250厘米左右。叶片较小而厚实，叶鞘长40～50厘米，略带绿色。假茎内层部分和短缩茎肉质较柔嫩，品质较好。易早抽穗开花，故应及时采收。

3. 建水草芽

云南省建水地区地方品种。一般亩产500～750千克。株高100～200厘米，开展度60～80厘米，分蘖力极强。短缩茎上的每节可抽生白嫩的匍匐茎草芽。草芽呈象牙状，略弯曲，实心，长20～30厘米，直径1.0～1.5厘米，分为5～6节，又称象牙菜（如不及时采收则抽出水面形成新株）（图12-1）。

图12-1 草芽产品——象牙菜

（四）栽培技术

蒲菜因食用部位不同而栽培方法也不同，现以长江中下游地区为例分别介绍。

1. 以食用匍匐茎为目的的草芽栽培技术

（1）整地施肥　蒲菜是多年生水生蔬菜，要求在土层深厚、富含有机质的壤土种植，水层较浅。因此，定植前要施足腐熟有机肥 2 000 ~ 3 000 千克，然后耕耙、平整，放入 3 ~ 5 厘米浅水。

（2）分株定植　长江中下游地区一般于 4 月下旬开始分株移栽，即从越冬母株田中选择符合品种特征特性的生长健壮、叶片较多、对称、叶色较深、没有拔节和抽生花茎的分株苗，并切断与母株相连的匍匐茎，连根挖起，随挖随栽。行株距 1.5 ~ 2.0 米见方，栽深 5 ~ 10 厘米，不宜过深，每亩 150 ~ 180 株。如分株苗叶片过长，可适当切去部分叶梢。由于草芽匍匐茎生长方向与叶片展开方向一致，为便于以后采收，应注意分株苗的叶片方向一致，即朝向行内，呈一条线排列。在生长期随着匍匐茎延伸和新株形成，还可再次分株移栽，扩大繁殖。定植应避开高温季节或采取遮阴措施，至 9 月中旬结束。

（3）田间管理

●灌水：定植后水层一般维持在 5 ~ 8 厘米，夏季高温时可适当加深，并经常更换田水以降低水温，冬季适当放浅水，以提高土温。

●除草：定植活棵后要注意随时清除田间杂草，随拔随埋入土中腐烂沤肥。

●追肥：草芽植株生长快、采收次数多，为提高产量，应多次追肥，以新鲜绿肥等有机肥为主，每亩每次500千克左右。植株生长弱的可适当追施尿素或氮磷钾三元复合肥，每亩每次10～15千克。

●割叶：草芽植株采收结束后，遇严寒茎叶披倒，安全过冬，翌年2月下旬应齐地面将枯叶割除，以利于早出新芽。

（4）及时采收　草芽抽生匍匐茎能力很强，如不及时采收，则顶芽即可迅速形成分株而无食用价值。甚至串满全田，影响生长，因此在采收的同时还应间拔过密植株及衰老株。

由于草芽生长方向与叶片展开方向一致，故采收时应走在不长叶的沟内，从长叶方向的泥下采摘。同时又因草芽是从短缩茎下部开始逐渐向上抽生，因此采收时还应自下向上分期采收。草芽栽后30天左右即可采收，旺季5～6天采收1次，淡季10～15天采收1次，全年采收20～30次，亩产1 500千克左右。一般草芽长度为30厘米以上，直径1.0～1.5厘米，新鲜，无机械伤。分级扎捆后出售，为保证品质，当天采收者应当天销售或加工保鲜。

草芽连续采收2～3年后，产量开始下降，应及时更新，重新换茬移栽。

2. 以食用假茎为目的的蒲菜栽培技术

（1）田块选择　以食用假茎为目的的蒲菜栽培田块宜选择水深1米以内的湖边滩地或浅水河边，要求土壤淤泥层厚，有机质含量高，水位便于控制。

（2）整地、施肥　植株定植前要先放低水层，清除杂草、杂物，平整后亩施腐熟有机肥 2 000 ~ 3 000 千克，并耕翻、耙平。

（3）适时定植　长江中下游地区多在 4 月下旬开始定植，首先选择株高 1.0 ~ 1.2 米、10 张叶片左右、健壮、无病虫害的分株苗移栽，要求连根带泥随挖随栽。如植株秧苗叶片过长，可适当剪去，以防栽后遇风倒伏，并灌水 10 厘米左右。

（4）田间管理

●水位：秧苗定植活棵后，水位逐渐加深，前期保持在 15 ~ 20 厘米，随着植株长高，逐渐加深至 60 ~ 80 厘米，以保证假茎伸长且粗壮，品质好，产量高。

●追肥：秧苗定植后视植株长势追肥 1 ~ 2 次，每次每亩追施腐熟有机肥 1 000 ~ 1 500 千克或发酵饼肥 50 千克。

●疏蘖：蒲菜分蘖力强，分蘖株过多会影响田间通风透光，造成植株过细，影响假茎品质。因此，应结合采收拔除过密的分株，一般保持每平方米 10 株左右。

●拔花：5 月上旬前后，蒲菜的花序（蒲秆）开始长出水面，应及时拔除，其基部嫩秆和周围鞘状嫩叶可做蒲芽上市。

●采收：蒲菜定植后 2 个月左右、假茎高 30 ~ 40 厘米时开始采收，一般间隔 15 天左右采收 1 次。采收方法是用镰刀将短缩茎上半部割下或将其周边匍匐茎切断后连根拔起。采收后及时整理，切取假茎长 30 ~ 40 厘米，剥除外层叶鞘，露出白嫩蒲肉。然后再按照粗细、长短分级捆扎成束，上市销售。新栽蒲菜当年产量在 150 ~ 200 千克，以后 2 年产量可以翻番。往后植株开始衰老，产量也会下降。

蒲菜采收时，应注意每间隔 30 厘米左右保留 1 ～ 2 株生长健壮的植株，以保证它们不断抽生新株和形成新的群体，持续高产。

●轮作：蒲菜连作 3 ～ 4 年后，植株根系老化，长势减弱，必须轮作换茬，在春季挖取田中优良新株做种，移栽到新的田块里；或将本田清茬、施肥、耕翻后重栽；或将本田植株隔行挖去，保留较大空间，促进新株生长，翌年再将原保留植株行挖去，达到分年更新的目的。

（五）主要病虫害防治

1. 病害

蒲菜在整个生长期受病菌侵染危害较少，基本上无需防治。

2. 虫害

（1）莲缢管蚜　参照莲藕的莲缢管蚜。

（2）斜纹夜蛾　参照莲藕的斜纹夜蛾。

十三、芦蒿

（一）栽培价值

芦蒿（*Artemisia selengensis* Turcz.）又名蒌蒿、藜蒿，是菊科蒿属多年生草本蔬菜。

芦蒿在我国广为分布，江苏、浙江、江西、湖北、安徽、云南等省均有栽培。芦蒿一般野生于湖畔湿地，20 世纪 80 年代，南京市八卦洲开始人工栽培芦蒿，因其经济效益颇丰，至 90 年代扩大至万亩以上，保护地栽培发展迅速，并向江苏省内推广。目前芦蒿已作为保健蔬菜在全国各地迅速发展，但其水栽技术还有待进一步总结和完善。

据《中国传统蔬菜图谱》介绍，100 克芦蒿鲜样可食部分中含蛋白质 3.7 克、脂肪 0.7 克、碳水化合物 9.0 克、粗纤维 2.1 克、维生素 C 23.0 毫克、胡萝卜素 4.35 毫克、钾 352.8 毫克、钠 6.8 毫克、钙 171.0 毫克、镁 46.8 毫克、磷 74.7 毫克、铜 0.31 毫克、铁 2.5 毫克、锌 0.47 毫克。

芦蒿味甘，无毒，其主要药用成分含量为侧柏透酮芳香油。据《本草纲目》记载，经常适量食用蒌蒿可以起到明目、生发、黑发、降压、降脂、止血、消炎、解热及防癌等功效。所以，蒌蒿具有较好的食疗作用。

（二）生物学特性

1. 形态特征（图 13-1）

（1）根　芦蒿主根明显或不明显，侧根和须根数多，分布浅，多在 20 厘米深土层内。

（2）茎　芦蒿的茎分为地上茎和地下茎 2 种，地上部茎直立或向上斜生，长 60 ～ 80 厘米，直径 0.5 ～ 0.7 厘米，分枝性强，嫩茎淡绿色或紫红色，无毛，老茎褐色。嫩茎多汁，老茎纤维化。地下部生长白色根状匍匐茎，多不定根。节间明显，节上有潜芽，能抽生直立茎，形成新株。匍匐茎质脆，富含淀粉。

（3）叶　芦蒿的叶互生，在茎中部密生，抱茎，披针形或羽状深裂，上部 3 ～ 5 裂，顶端渐尖，基部渐窄成楔形短柄。叶片长 14 ～ 16 厘米，宽 10 ～ 12 厘米（裂叶宽 2 厘米左右），叶缘锯齿明显或不明显。

图 13-1　芦蒿植株

（4）花　头状花序，花筒状，黄色，有紫条花纹，长3毫米，宽1～2毫米。外层雄花，内层两性花，有一苞片。

（5）果实和种子　瘦果。种子细小有冠毛，可随风飞扬。

2. 生长发育过程

长江中下游地区芦蒿的生长发育可分为萌芽期、拔节抽薹期、开花结实期和越冬休眠期等4个时期。

（1）**萌芽期（3月上旬至下旬）**　当春季旬均气温在7～10℃时，越冬地下茎的腋芽萌发，破土形成新苗，同时地下形成新的匍匐茎和新根。生产上可适当追肥、松土，促进萌芽、生长。采用薄膜覆盖可提早上市，获得高产。

（2）**拔节抽薹期（4月上旬至10月下旬）**　此期气温变化幅度较大，从13℃升至35℃以上，又逐步降至20℃。4月上旬起，地下茎腋芽抽生的新株生长迅速，一般20～30厘米即可采收。此后，随气温升高，地上茎叶腋处腋芽抽生形成分株。当旬均气温达到27～29℃时，茎迅速木质化。生产上要注意掌握采收标准，及时收获。同时选择种株，繁殖伏秋芦蒿。

（3）**开花结实期（8月上旬至10月下旬）**　旬均气温从29℃逐渐下降至16℃，高温使植株茎秆木质化，其营养生长减缓至完全停止。此期芦蒿陆续抽薹开花，但极少结实，部分养分开始向地下部根状茎输送并贮存。

（4）**越冬休眠期（11月上旬至翌年2月下旬）**　此时旬均气温从15℃逐渐下降至3℃，植株地上部枯黄，并以地下茎和休眠芽越冬。生产上注意防冻保暖，使植株安全越冬。

3. 对环境条件的要求

（1）温度　芦蒿喜温暖的气候条件，产品形成的生长适温为 13 ~ 20℃。20 ~ 27℃时，地上分枝生长旺盛；超过 27℃茎秆木质化程度加速，并抽薹开花；低于 15℃地上部养分转入地下茎和休眠芽贮藏并越冬。

（2）水分　一般来说芦蒿喜在潮湿土壤生长，但不宜长期浸泡于水中。较高的土壤相对含水量（60% ~ 80%）和空气相对湿度（90%），有利于根状茎生长和腋芽萌发，嫩茎生长快且粗壮，产品质量好。土壤长期积水，则根系生长不良，甚至死亡。但根状匍匐茎在水下仍能存活数月，在适宜条件下再萌发新根和形成新的植株。

（3）土壤　疏松、肥沃、富含有机质的壤土、沙壤土有利于植株地下茎的生长和获得较高的产量。生产上宜施用腐熟有机肥，适施磷钾肥。

（4）光照　芦蒿对光照强度要求不严，一般中等强度光照有利营养生长，嫩茎粗壮。在弱光条件下虽仍可正常生长，但茎秆易老化，短日照条件下抽薹开花。

（三）主要品种

1. 大叶青

江苏省南京市地方品种。植株高大，生长势强，株高 80 厘米左右，茎直径 0.7 厘米，淡绿色，后渐转暗红色。叶披针形或羽状深裂，3 裂，叶长 17 厘米，叶宽 15 厘米，裂叶宽 2 厘米，裂片边缘锯齿不明显。春季萌芽早，品质好。

2. 小叶青

江苏省南京市地方品种。植株高 60 厘米，茎直径 0.6 厘米，淡绿色。叶长 13 厘米，叶宽 12 厘米，羽状深裂，5 裂，裂叶宽 0.7 厘米，裂片边缘锯齿明显。春季萌芽晚，品质好。

3. 小叶白

江苏省南京市地方品种。植株高 74.2 厘米，茎直径 0.54 厘米，绿白色。叶长 14.2 厘米，叶宽 15 厘米，羽状深裂，裂叶宽 0.7 厘米，叶背绿白色，有短茸毛。茎秆纤维较少，品质佳。

4. 云南蒌蒿

白葵蒿，柳叶。茎秆白绿色，较粗，粗纤维含量低，商品性好，适合保护地栽培，保护地栽培比其他品种可多采收 1 次。

（四）栽培技术

芦蒿作为多年生水生蔬菜，多为野生、半野生状态，人工栽培时间短，缺少高产栽培经验，主要参照旱生芦蒿栽培。

1. 整地施肥

芦蒿耐湿、喜水，因此可选用低洼湿地或能灌能排田块种植。芦蒿田应先行耕翻，清除各种杂草，并亩施腐熟有机肥 2 500 ~ 3 000 千克。然后整平做畦，畦宽 1.2 米，操作沟宽 0.4 米，深 0.2 米。

2. 适时定植

芦蒿种植可采用种子繁殖，于 3 月上旬撒播育苗，再进行移栽。但因种子小，出苗不齐，加上芦蒿的无性繁殖力特别强，故大多采用分株繁殖或地上茎扦插繁殖和压条繁殖。

（1）**分枝繁殖** 多于4—5月嫩茎采收结束后挖取幼苗分株定植，行株距30厘米×15厘米。该办法成活率高，一般于当年6—8月采收。

（2）**扦插繁殖** 选择粗壮的种株平地割下，截去顶端嫩梢和基部老化部分，取中部粗壮、木质化程度高的茎段，截成长10~20厘米（保留5~6节），并扎成小把，浸入水中24小时后放在阴凉通风处催芽，7~15天后扦插定植（地下和地上各留2~3节）。在土壤潮湿和遮阴条件下亦可不催芽直接扦插。

●伏秋芦蒿：一般于6月定植，当年8—9月采收；7月定植，当年9—10月采收；8月定植，当年10—12月采收。伏秋芦蒿因生长期短，需要密植栽培，一般按行距30厘米、穴距15厘米定植，每穴4~5根，定植后要踏紧边土、浇透水，遮阴保温，成活后再揭去遮阴设备。最佳定植期为梅雨节气，一般每亩用种茎350千克左右。

●冬春芦蒿：指6月中下旬至8月上中旬定植的芦蒿，于当年12月下旬至翌年4月下旬采收。行穴距30厘米×30厘米，每穴2株，斜插于畦面。定植后管理方法同伏秋芦蒿。每亩用种茎300千克左右。

●压条繁殖：将选出的粗壮种株截去顶端嫩梢，按行距15厘米左右，开5厘米左右深的浅沟，将种茎顺长排开后覆土、浇水，并保持土壤湿润。促进新芽生长，该方法对伏秋芦蒿和冬春芦蒿均适用。一般每亩需用种茎400千克左右。

3. 田间管理

（1）**水分管理** 芦蒿种植后要经常灌水，保持土壤湿润，促进地下根状茎生长，均匀爬满田块。

（2）清除杂草　芦蒿的根状茎上有许多腋芽，向上可抽生地上茎。地上茎生长快，很快即可布满田块，也是采收的主要产品，因此必须及时清除杂草，尤其是多年生杂草。

（3）割茬追肥　芦蒿耐寒性较强，露地栽培的，春季2—3月将地上茎齐地表用快刀割平，每亩追施有机复合肥150千克或氮磷钾三元复合肥15～20千克，并浇水保湿，促进地下茎萌芽。薄膜覆盖早熟栽培的适当提前。此外，9月下旬至10月上旬正是芦蒿根状茎养分积累期，也应注意适当追肥和打去茎秆顶端花蕾。

（4）覆盖栽培　为了冬春芦蒿提早采收上市，可采用大棚（图13-2）、小棚薄膜覆盖栽培，一般于11月下旬至翌年3月上旬覆盖，覆盖后40天左右采收。11月下旬至翌年1月需用大棚、小棚覆盖，2月上旬至3月上旬可用小棚覆盖。覆盖后应注意适时揭盖薄膜，通风降温，防止烧苗。此外，伏秋芦蒿扦插后因气温较高，在中午前后应用遮阳网等材料覆盖，遮阴降温，减少水分蒸发，一般3～5天即可发生腋芽，30天左右采摘嫩茎上市。采用压条法则10～15天出芽，40天左右用快刀齐地面处割下嫩茎上市。

图13-2　江苏无锡新区大棚芦蒿

4. 分批采收

（1）伏秋芦蒿　一般扦插的植株当叶腋间的嫩头长到10～15厘米时，剪大留小分批采收，并保留基部2～3张功能叶，采收3～5次后适当追肥，一般每亩可收鲜芦蒿500千克左右。采用压条法待芦蒿植株长到15厘米左右时齐地面割茬上市。一般可收2茬，每亩收鲜芦蒿500～750千克。

（2）冬春芦蒿　地上部嫩茎长到20～30厘米时采收上市，多用快刀从植株近地面处割下，其中以15～20厘米时品质最好。采收后可进行软化处理。软化处理是将田间收割下来的嫩茎置于树荫、屋檐下或通风干净的室内等场所码垛，避免阳光直射，每垛由2排基部朝里、梢部朝外的紧靠的茎码成。一般垛高60～80厘米，长度不限。码垛前应先将嫩茎用清水淋洗干净，码垛后用不透光的湿麻袋盖在垛上，并每日浇清水数次，保持嫩茎湿润1～2天后，垛内嫩茎上的叶片发黄时开垛，轻轻摘除黄叶，保留顶部少量心叶，剔除烂茎、病茎、虫害或伤残茎后，再按长短分级捆扎，一般每把重500克左右。采收结束后要立即清理床面，去除残叶和杂草，并浇水追肥，待30～40天后可再次采收。一般采收2～3茬，可收鲜芦蒿1 000千克以上。

（五）主要病虫害防治

1. 病害

（1）芦蒿叶枯病　主要危害叶片。叶面初出现针头大小的褪绿色小斑点，后扩展成圆形至不规则形，中间淡灰色至暗灰色，边缘褐色的病斑，潮湿时病斑上具黑色霉状物。后期病斑相互愈合成片，致使叶片枯死。

以菌丝体和分生孢子丛在病残体上越冬。可借气流及雨水溅射传播蔓延。多雨、多雾天气有利于发病，植株生长不良或氮肥过多，生长过旺，亦可加重发病。

防治方法：① 实行水旱换茬轮作。② 结合采收摘除病残叶，携出田外烧毁。③ 避免偏施氮肥，增施磷钾肥或喷施植物氨基酸肥，增强抗性。④ 发病初期喷药防治。

（2）芦蒿病毒病　叶部染病后形成褪绿或叶色浓淡不均的花叶，呈斑驳或皱缩状，严重时病株矮化（图13-3）。

病毒由叶螨和昆虫传毒。干旱高温，不利于植株的生长发育，而有利于蚜虫

图13-3　芦蒿病毒病

的繁殖活动和病毒的繁殖传播。栽培管理不良的地块，如缺肥、缺水以及治蚜不及时，病害发生亦重。

防治方法：① 在蚜虫迁飞之前及时治蚜。② 在芦蒿生长期可喷药防治。③ 发病初期喷药防治。

（3）芦蒿白粉病　主要危害叶片，严重时也危害茎秆。初期叶片上先出现白色小斑，后扩大成近圆形粉斑，最后病斑连片成大形白粉区，严重的整个叶片布满白粉，叶面重于叶背。抹去白粉可见叶面褪绿、枯黄变脆。茎秆受害症状与叶片相似（图13-4）。

图13-4　芦蒿白粉病

　　在北方地区病菌以闭囊壳随病残体在土表越冬，在南方地区或棚室内，菌丝体多匍匐在寄主表面，晚秋时形成闭囊壳或以菌丝在寄主上越冬。水滴对白粉菌孢子有抑制作用。春、秋季温暖多湿，雾大等易发病，也是芦蒿白粉病发生的高峰期。土壤肥力不足或偏施氮肥，易诱发此病。

　　防治方法：① 冬季清除病残体和落叶残枝，集中深埋或烧毁。不宜过密栽植，注意通风透光。② 发病初期及时喷药防治。

　　2. 虫害

　　（1）**菊小长管蚜**　别名菊姬长管蚜。［无翅胎生雌蚜］体长 2.0 ~ 2.5 毫米，深红褐色，有光泽。触角、腹管、尾片暗褐色。体具较粗长毛。腹管圆筒形，基部宽，向端部渐细，末端表面呈网眼状。尾片圆锥形，末端尖，表面有齿状颗粒，有曲毛 11 ~ 15 根。［有翅胎生雌蚜］体长卵形，暗赤褐色。腹部斑纹较无翅蚜虫显著。腹管、尾片形状同无翅蚜虫，尾片毛 9 ~ 12 根。

　　在江浙一带 1 年发生 10 多代，以无翅胎生雌蚜在寄主的叶腋和芽旁越冬。翌年 3 月初开始活动，全年分春、秋季两个发生高峰，即在 4—5 月及 9—10 月。该蚜虫还能传播病毒。

　　防治方法：① 放置黄色黏胶板诱黏有翅蚜；采用银白色锡纸反光，拒避有翅蚜迁入。② 在蚜虫初发时期，掌握有蚜株率达 20%、百株蚜量不超过 200 头进行用药防治。

　　（2）**桃蚜**　参照豆瓣菜蚜虫中的桃蚜。

　　（3）**瓜蚜**　参照豆瓣菜蚜虫中的瓜蚜。

　　（4）**斜纹夜蛾**　参照莲藕的斜纹夜蛾。

十四、水生蔬菜的栽培制度

水生蔬菜多为浅水湖荡和低洼水田栽培，多年重茬会造成作物营养失衡、病虫害增多、产量下降、品质降低。因此实行合理的间、套作和轮作换茬，可经济利用水面，提高综合效益，保持良好的生态环境。

中国的水生蔬菜种类多，品种多，长期以来，广大种植户总结了历史传统经验，形成和发展了一套较好的栽培制度和合理的茬口布局，创造了水生蔬菜种类之间、水生蔬菜和水生经济作物之间的轮作技术以及水生蔬菜套养鱼类的经验。本章将以长江中下游地区栽培制度为例作一介绍。

（一）露地浅水水生蔬菜的栽培制度

1. 藕莲—秋种两熟茭—荸荠（两年四熟）

第一年3月下旬定植早熟藕种（藕田四周种秋种两熟茭茭秧），7月下旬至8月上旬采收。8月上中旬就地定植秋种两熟茭，当年10月上旬至10月下旬采收秋茭，翌年5月上中旬至6月上旬采收夏茭。6月中下旬栽种荸荠，12月上旬至第三年的3月上旬采收。

2. 一熟茭—水芹（一年两熟）

第一年4月上旬定植一熟茭，9月采收，9月下旬至10月上旬水芹排种，11 月上中旬软化栽培，翌年 1 月中下旬至 3 月中下旬收获。

3. 芡实—水芹（一年两熟）

6 月上旬芡实定植（芡实于 4 月上旬另设秧田育苗，并于 5 月中旬移苗），8 月上中旬至 10 月上旬采收。早熟水芹 10 月上旬排种，12 月中旬至春节前采收，晚熟水芹于 10 月中旬排种，翌年 1 月中下旬至 3 月底收获，水芹采收结束后排水晒垡。

4. 藕莲—水芹—春种两熟茭—慈姑（三年五熟）

第一年 4 月上旬定植中熟藕种，8 月中旬至 8 月下旬收获。9 月上旬水芹排种，10 月下旬深栽软化，11 月下旬至翌年 3 月上旬收获。春种两熟茭于 4 月上旬定植，9 月中旬至 10 月中旬采收秋茭，第三年 6 月上旬至 7 月中旬采收夏茭。晚水慈姑于 7 月中下旬定植（另设秧田于 5 月上旬育苗），11 月中旬至第四年 3 月上旬收获。

（二）深水水生蔬菜的栽培轮作制度

深水水生蔬菜有藕莲、籽莲、菱、莼菜、刺芡、蒲菜等，在长江中下游地区多采用轮作制，每年一熟。

1. 每年轮作换茬

如芡实、菱和部分深水藕可采用此法。各作物只种 1 ~ 2 年后即相互轮作换茬。

2. 多年轮作换茬

如莼菜、籽莲、藕莲、蒲菜等均用此法，即各作物栽种 3 ~ 5 年后再换种其他作物 3 ~ 5 年。必要时换茬前还可放养 1 年草食性鱼类，有利于清除前茬残枝及种子萌发出的秧苗，并增加塘田肥力。

（三）水生蔬菜与旱生蔬菜轮作制度

1. 春种两熟茭（秋茭→夏茭）—大白菜→春菜—茄果类—秋菜（长江流域三年六熟）

春种两熟茭于3月下旬定植，9月中旬至10月中旬采收秋茭，翌年6月上旬至7月中旬采收夏茭。7月中旬至10月中下旬种大白菜，11月上中旬至第三年3月下旬种越冬叶菜，4月中下旬种茄果类蔬菜，8月至第四年种秋冬甘蓝类蔬菜。

2. 水蕹菜—豆瓣菜—夏（秋）黄瓜或苦瓜（华南地区两年三熟）

第一年水蕹菜于4月上中旬定植（2—3月另设秧田育苗），6—8月采收。豆瓣菜于9月中旬定植（4—5月另设秧田育苗），11月至翌年4月采收。然后放干水，改为旱作。夏（秋）黄瓜或苦瓜于5月定植，8—10月采收。

3. 芡实—青菜—地四季豆（长江流域一年三熟）

芡实于10月上中旬采收结束，清塘，开沟做畦，11月中旬在畦面劈横栽种青菜，春节前后间拔"小上菜"上市；剩余植株于翌年3月上中旬采收菜薹；3月中旬种地四季豆，5月下旬一次性收获。

4. 芡实—甘蓝、花菜（长江流域一年两熟）

芡实于10月上中旬采收结束，清塘，开沟做畦，11月中旬分批栽种不同生育期的甘蓝（牛心甘蓝、京丰等）、花菜（90

天、120 天、140 天），分别于春节、3 月中旬、4 月中旬陆续采收上市。

5. 芡实—蚕豆（长江流域一年两熟）

芡实于 6 月上中旬定植，10 月中旬采收结束，清塘，条（穴）播蚕豆，翌年 5 月上中旬采收上市。

（四）水生蔬菜与粮油作物轮作制度

1. 藕莲—秋种两熟茭—单季水稻—绿肥（两年五熟制）

第一年 4 月上旬定植早熟藕种，7 月下旬至 8 月上旬收获。8 月上中旬定植秋种两熟茭中的晚熟品种，当年 10 月中旬至 11 月上旬采收秋茭，翌年 5 月中旬至 6 月中旬采收夏茭。7 月上旬选用耐倒伏的单季粳稻品种插秧（另设秧田于 6 月初播种），10 月中下旬采收。绿肥紫花苜蓿于 10 月上中旬水稻收割前撒播，第三年 3 月下旬翻耕。

2. 芡实—小麦（一年两熟制）

芡实于 4 月上旬播种育苗，5 月上旬移栽，6 月上旬定植，8 月上中旬至 10 月上中旬采收。小麦于 11 月中下旬播种，翌年 6 月上旬收获。

（五）水生蔬菜与鱼类套养制度

1. 莲藕田养鱼

据报道，近十几年来，湖南省湘潭、福建省建宁、江西省广昌以及湖北省武汉、荆州等地利用莲田养鱼都获得了成功。藕田养鱼一般选用籽莲及晚熟白田藕，可以套养鱼种和成鱼，充分利用莲田的深水位，达到"以莲为主，莲鱼结合，以鱼促莲，莲鱼双丰收"的目的。

（1）搞好莲田建设　套养鱼类前应对莲田进行改造，即在离田埂 1 ~ 2 米开挖围沟，沟宽 1.5 ~ 2.0 米，深 0.8 米，四角再挖深 0.6 ~ 1.0 米的鱼坑，较大田块中间再开挖"十"字形或"井"字形鱼沟与围沟相通，宽 1.2 米，深 0.6 米。开好进水口和出水口，并要装拦鱼栅，以防灌排水时鱼逃掉。

（2）选好套养鱼种　莲田养鱼分为培育鱼种和放养成鱼 2 种。培育鱼种可以单养，也可混养，一般以混养为好。放养夏花规格为全长 5 厘米左右，密度每亩 2 000 尾左右。主养鱼占 60%，其他鱼 40%，如以草鱼为主则占 60%，鲤鱼 20%，鳊鱼 15%，鲫鱼 5%，一般在 6 月上旬前放齐，精养至年底每亩可收获体重 50 克以上的仔口鱼种 50 ~ 75 千克。放养成鱼应在 4 月下旬开始，每亩莲田放养 50 克以上仔口鱼种 250 尾左右，其中鲤鱼占 30%，鳊鱼 30%，鲫鱼等其他鱼种 40%，精养到年底可亩产成鱼 100 千克左右。

（3）加强饲养管理　养鱼莲田放养前，为防止野杂鱼及敌害生物，应先清塘，每亩可用 15 ~ 20 千克茶籽饼粉消毒。莲藕基肥和追肥应选用有机肥，尽量不用化肥，尤其不用氯化铵和氨水，以防毒害鱼类。生长期病虫害防治应选用高效、低毒、低残留农药，并注意摘除老叶，加强通风透光，适当加深水位和保持小股活水流动。为提高成鱼产量，必要时还应适当投料喂养。

（4）适时捕捞成鱼　一般在年底捕鱼、挖藕。捕鱼前先缓慢放水并疏通鱼沟、鱼坑，让鱼游到鱼坑里，以便捕捉。如一次不能捕净应再灌水、放水，重捕一次。一些小鱼种如需在莲田内越冬，应注意尽量灌深水，晴天喂少量豆饼或其他饲料，水沟上搭好御寒暖棚，使其安全越冬。

此外，莲田还可以套养青虾、罗氏沼虾、鲇鱼、泥鳅等水产品。莲田养殖青虾需在莲田中央建虾池，虾池和虾沟的面积占莲田总面积的 5% ~ 8%。放虾前 20 天要对虾池和虾沟用生石灰消毒，10 天后每亩施有机肥 800 ~ 1 000 千克，并加水至 1 米，在虾池和虾沟中浮植消毒过的水芹菜或水蕹菜，约占 1/3 水面，每亩种植籽莲种茎 160 ~ 200 支，栽前每亩施用腐熟有机肥 2 500 ~ 3 000 千克，生长期追施莲专用复合肥；5 月中旬放养体长 4 ~ 6 厘米的籽虾（抱卵虾），每亩 210 克。莲田套养鲇鱼在不投料情况下于 4 月中下旬放养 25 克左右的鲇鱼苗 500 尾，至 9 月中下旬鲇鱼体重可达 600 ~ 800 克。

2. 茭白田养鳖

据浙江省农业科学院和浙江省余姚市农业科学研究所介绍，在单（双）季茭里套养中华鳖，实现了"减肥、减药、控害、提质、增效、生态"之目标。

（1）茭田改造　茭田四周开挖围沟，深 0.4 ~ 0.5 米，宽 0.7 ~ 0.8 米，再在田中央挖一条"十"字形沟，深 0.5 ~ 0.6 米，宽 1.2 ~ 1.5 米。田边设一 30° ~ 45° 斜坡的饵料台，田中央每隔 8 ~ 10 米堆一有斜坡的土墩，便于中华鳖爬上去休息。茭白田四周应建高 0.8 米以上的挡板防鳖外逃，进出水口建双层防逃栅栏。

（2）消毒准备　茭白田放鳖前 7 ~ 14 天，每亩用 8 ~ 10 千克生石灰消毒，中华鳖用 0.01% 高锰酸钾溶液浸泡 5 分钟消毒。

（3）种茭放鳖　3 月中旬至 4 月上旬茭白定植，双季茭于 10—11 月采收秋茭，翌年 6 月采收夏茭；单季茭 7—9 月采收。4 月至 5 月上旬每亩放养规格 200 ~ 250 克 / 只、大小均匀的中华鳖幼鳖 150 ~ 180 只，12 月开始捕捞成鳖。

（4）田间管理　注意控制水位，防鼠防鸟，及时补充田螺、小杂鱼、小虾、泥鳅等饵料。施肥以有机肥做基肥为主，病虫防治以物理和生物防治为主。

3. 芡实田养鱼

芡实植株较大，水面布满带刺大叶，通气性差，因此套养一般鱼种管理较困难，但适当养殖黑鱼（乌鱼、鳢鱼）可以提高综合经济效益。

（1）开挖围沟　芡实塘四周开挖围沟，深 0.5 米，宽 0.5 米，四角增挖鱼坑，深 0.8 米左右。

（2）套养鱼螺　芡实塘于芡苗定植活棵后放养小白鲫，以浮萍为饵料，减轻浮萍对芡实的危害，稍后再每亩放养 50 ~ 100 克的黑鱼苗 100 ~ 150 尾，同时投放中华螺、螺蛳数千克，使白鲫、野生小杂鱼、福寿螺及螺蛳等都成为黑鱼的饵料，实现生态循环，鱼菜共生。

（3）干塘捕捞　芡实于 10 月上中旬采收结束后可以干塘捕捞，也可延后至翌年 1 月底至 2 月上旬捕捞，此时黑鱼成鱼可达 0.75 ~ 1.00 千克 / 尾。

主要参考文献

[1] 叶静渊. 我国水生蔬菜的栽培起源与分布. 长江蔬菜, 2001（增刊）: 4-12.

[2] 颜素珠. 中国水生高等植物图说. 北京: 科学出版社, 1983.

[3] 苏北农学院《水生作物的栽培》编写组. 水生作物的栽培. 上海: 上海人民出版社, 1971.

[4]《中国传统蔬菜图谱》编委会. 中国传统蔬菜图谱. 杭州: 浙江科学技术出版社, 1996.

[5] 赵有为. 中国水生蔬菜. 北京: 中国农业科学技术出版社, 1999.

[6] 赵有为. 水生蔬菜栽培技术问答. 北京: 中国农业科学技术出版社, 1998.

[7] 孔庆东. 水生蔬菜高产栽培技术. 北京: 中国农业科学技术出版社, 1999.

[8] 孔庆东. 中国水生蔬菜品种资源. 北京: 中国农业科学技术出版社, 2004.

[9] 沈啸梅. 苏州水生蔬菜. 南京: 江苏科学技术出版社, 1982.

[10] 鲍忠洲, 江扬先. 水生类精品蔬菜. 南京: 江苏科学技术出版社, 2004.

[11] 鲍忠洲, 尹渝来. 苏州水生蔬菜实用大全. 南京: 江苏科学技术出版社, 2005.

[12] 贾敬敦. 水生蔬菜丰产新技术. 北京: 中国农业科学

技术出版社，2015.

［13］鲍忠洲，吴正贵．苏州水八仙．南京：江苏凤凰科学技术出版社，2017.

［14］鲍忠洲，张强．苏芡．南京：江苏凤凰科学技术出版社，2017.

［15］鲍忠洲，尹渝来．特色水芹．南京：江苏科学技术出版社，2011.

［16］方家齐，丁亚欣．茭白高效栽培技术．南京：江苏科学技术出版社，1998.

［17］叶奕佐，王苹苹．水生植物栽培．北京：科学出版社，1994.

［18］中国园艺学会．中国名特蔬菜论文集．北京：中国科学技术出版社，1988.

［19］中国科学院武汉植物研究所．中国莲．北京：科学出版社，1987.

［20］袁晓泉，邱阳东．莲田青虾养殖试验报告．中国水产，2002（3）：42.

［21］陈锦文．莲田泥鳅、青虾生态养殖技术．渔业致富指南，2003（6）：15-16.

［22］仇志荣，陆美英．果蔬食疗．上海：上海中医学院出版社，1988.

［23］徐敬武，白膺．蔬菜与健康长寿．北京：中国医药科技出版社，1989.

［24］西北农学院农业昆虫学教学组．农业昆虫学（上下册）．北京：人民教育出版社，1977.

［25］戴芳澜．中国真菌总汇．北京：科学出版社，1979.

［26］魏景超．真菌鉴定手册．上海：上海科学技术出版社，

1979.

[27] 南京农学院植物保护系. 植物病害诊断. 北京：农业出版社，1980.

[28] "中国农作物病虫害"编辑委员会. 中国农作物病虫害. 北京：农业出版社，1981.

[29] 陆自强，祝树德. 蔬菜害虫测报与防治新技术. 南京：江苏科学技术出版社，1992.

[30] 吕佩珂，李明远. 中国蔬菜病虫原色图谱（修订本）. 北京：农业出版社，1998.

[31] 吕佩珂，刘文珍. 中国蔬菜病虫原色图谱续集. 第二版. 呼和浩特：远方出版社，2000.

[32] 张宝棣. 蔬菜病虫害原色图谱. 广州：广东科技出版社，2002.

[33] 徐明慧. 园林植物病虫害防治. 北京：林业出版社，1993.